华晟经世"一课双师"校企融合系列教材

数据通信技术

主编 ▶

张俊星　黄成哲
雷国华　姜善永

U0251235

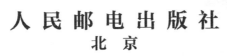

人民邮电出版社

北京

图书在版编目（ＣＩＰ）数据

数据通信技术 / 张俊星等主编. -- 北京 ：人民邮
电出版社，2019.7（2023.7重印）
华晟经世"一课双师"校企融合系列教材
ISBN 978-7-115-51525-4

Ⅰ．①数… Ⅱ．①张… Ⅲ．①数据通信－通信技术－
高等学校－教材 Ⅳ．①TN919

中国版本图书馆CIP数据核字(2019)第121889号

内 容 提 要

本书从数据通信技术基本的原理谈起，结合中兴设备进行了详细的讲述。全书共 10 个项目，分为三篇，基础篇、任务篇和拓展篇。

基础篇为项目 1 至项目 3，内容包括计算机网络基础，OSI 参考模型与 TCP/IP 协议簇，IPv4 编址方法；任务篇为项目 4 至项目 7，内容包括网络硬件设备介绍和基本操作，局域网基本技术及应用，STP（生成树协议）原理及应用，链路聚合原理及应用，端口镜像基本原理及应用，路由技术基础，RIP 基本原理及应用，OSPF 路由协议基本原理及应用，网络扩展技术及应用；拓展篇为项目 8 至项目 10，内容包括 BGP 基本原理及应用，IPv6 基础知识介绍，网络典型案例分析等。

本书以经典任务及案例为背景，全面、系统地介绍了数据通信技术的应用及发展。

通过对本书的学习，学生可掌握数据通信技术原理、数据产品数据配置及维护知识，为将来从事通信行业的相关工作打下良好的基础。

◆ 主　　编　张俊星　黄成哲　雷国华　姜善永
　责任编辑　贾朔荣
　责任印制　彭志环

◆ 人民邮电出版社出版发行　　北京市丰台区成寿寺路 11 号
　邮编　100164　电子邮件　315@ptpress.com.cn
　网址　http://www.ptpress.com.cn
　北京七彩京通数码快印有限公司印刷

◆ 开本：787×1092　1/16
　印张：16　　　　　　　　　2019 年 7 月第 1 版
　字数：373 千字　　　　　　2023 年 7 月北京第 9 次印刷

定价：59.00 元

读者服务热线：(010)81055493　印装质量热线：(010)81055316
反盗版热线：(010)81055315

前言

　　本教材是华晟经世教育面向 21 世纪应用型本科、高职高专学生以及工程技术人员所开发的系列教材之一。本书以华晟经世教育服务型专业建设理念为指引，贯彻 MIMPS 教学法、工程师自主教学的要求，遵循"准、新、特、实、认"五字开发标准，其中"准"即理念、依据、技术细节都要准确；"新"即形式和内容都要有所创新，表现、框架和体例都要新颖、生动、有趣，具有良好的用户体验，让人耳目一新；"特"即要做出应用型的特色和企业的特色，体现出校企合作在面向行业、企业需求方面就人才培养体现的特色；"实"即实用，切实可用，既要注重实践教学，又要注重理论知识学习，做一本理实结合、平衡的实用型教材；"认"即做一本教师、学生、业界都认可的教材。我们力求使抽象的理论具体化、形象化，减少学习的枯燥感，激发学习兴趣。

　　本书编写过程中，主要形成了以下特色。

　　1. "一课双师"校企联合开发教材。本书由华晟经世教育工程师、各个项目部讲师协同开发，融合了企业工程师丰富的行业一线工程经验、高校教师深厚的理论功底与丰富的教学经验，共同打造紧跟行业技术发展、精准对接岗位需求、理论与实践深度融合以及符合教育发展规律的校企融合教材。

　　2. 以"学习者"为中心设计教材。教材内容的组织强调以学习行为为主线，构建了"学"与"导学"的内容逻辑。"学"是主体内容，包括项目描述、任务解决及项目总结；"导学"是引导学生自主学习、独立实践的部分，包括项目引入、交互窗口、思考练习、拓展训练。本书强调动手和实操，以解决任务为驱动，做中学，学中做。本书还强调任务驱动式的学习，可以让我们遵循一般的学习规律、由简到难、循环往复、融会贯通；同时加强实践、动手训练，在实操中更加直观和深刻地学习；融入最新技术应用，结合真实应用场景，来解决现实性客户需求。

　　3. 以项目化的思路组织教材内容。本教材"项目化"的特点突出，大量的项目案例，理论联系实际，图文并茂，深入浅出，特别适合应用型本科院校、高职高专以及工程技术人员自学或参考。内容架构上以项目为核心载体，强调知识输入，经过任务的解决与训练，再到技能输出；采用项目引入、知识图谱、技能图谱等形式还原工作场景，展示项目进程，嵌入岗位、行业认知，融入工作的方法和技巧，传递一种解决问题的思路和理念。

本教材由张俊星、黄成哲、雷国华、姜善永老师主编，李森、尚赢杰、董正川进行编写和修订工作。在本教材的编写过程中，编者得到了华晟经世教育集团、高校领导的关心和支持，更得到了广大教育同仁的无私帮助及家人的温馨支持，在此向他们表示诚挚的感谢。由于编者水平和学识有限，书中难免存在不妥和错误之处，还请广大读者批评指正。

编 者

2019 年 3 月

任 务 篇

拓 展 篇

基础篇

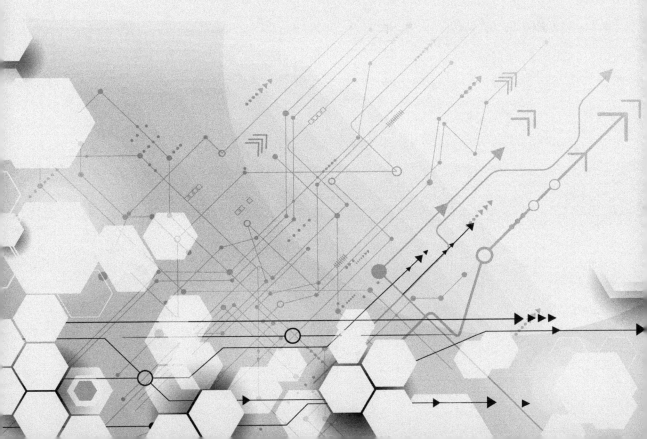

项目1 初识计算机网络

项目引入

刚刚走出校园步入社会的年轻人，他们的内心总是既彷徨又期待。通信专业的小李毕业后进入某大型跨国企业成为一名网络技术人员，主要负责维护公司的路由交换设备。为了使他能尽早上岗，成为一名合格的网络运维人员，主管领导要求小李尽快掌握对IP网络的整体认知，并对IP网络在通信网络中的地位有清晰的认识，所以小李要在短时间内掌握网络基础知识。

小李：我天天上网，这些基础知识没必要学习了吧？

主管：这样吧，问你个问题，为什么家里办理的10Mbit/s带宽，但实际下载速度只有1Mbit/s左右？

小李：这是运营商限速或者上网的人数太多导致的吧？

主管：看来你还是要从IP网络基础入手好好学习啊！

本章会帮助小李了解网络基础概念知识，对于主管提到的问题，小李可以通过本章的学习找到答案。

学习目标

1. 识记：计算机网络的定义及分类。
2. 领会：计算机网络的拓扑结构和性能指标。
3. 应用：通过网络性能指标能够评判网络的质量。

1.1 任务一：认知计算机网络

1.1.1 计算机网络的定义和功能

计算机网络由一组计算机及相关设备与传输介质组成，它们可以相互通信、交换信息、共享外部设备（如硬盘与打印机）、存储能力与处理能力，并可访问远程主机或其他网络。我们通常所说的数据通信网络指的就是计算机网络。

一般来说，计算机网络可以提供以下主要功能。

（1）资源共享

计算机网络的出现使资源共享变得更加简单，交流的双方可以跨越空间的障碍，随时随地传递信息。

（2）信息传输与集中处理

数据通过网络传递到服务器，由服务器集中处理后再回送给终端。

（3）负载均衡与分布处理

举个典型的例子：一个大型ICP（Internet内容提供商）为了支持更多的用户访问他的网站，在全世界多个地方放置了相同内容的WWW（World Wide Web）服务器，通过技术使不同地域的用户看到放置在离他最近的服务器上的相同页面，以此实现各服务器间的负荷均衡，同时也节省了用户的访问时间。

（4）综合信息服务

计算机网络的一大发展趋势是多维化，即在一套系统上提供集成的信息服务，包括政治、经济等各方面的信息资源，同时还提供多媒体信息，如图像、语音、动画等。在多维化发展的趋势下，许多网络应用的新形式不断涌现，如电子邮件、视频点播、电子商务、视频会议等。

1.1.2　计算机网络的演进

计算机网络的演进如图1-1所示。

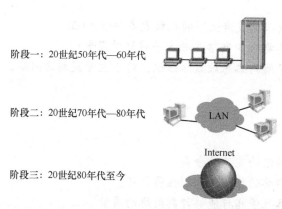

阶段一：20世纪50年代—60年代

阶段二：20世纪70年代—80年代

阶段三：20世纪80年代至今

阶段四：物联网等其他以互联网为核心和基础的网络

图1-1　计算机网络的演进

（1）第一阶段，单终端系统与多终端系统

因为早期的计算机功能欠缺、体积庞大，而且是单机运行，所以用户需要去机房操作。为解决不便，人们在远离计算机的地方设置远程终端，并在计算机上增加通信控制功能，并通过线路输送数据进行成批处理，从而这就产生了具有通信功能的单终端联机系统。1952年，美国半自动地面防空系统的科研人员首次把远程雷达或其他测量设备的信息，通过通信线路汇接到一台计算机上，进行集中处理和控制。

20世纪60年代初，美国航空公司与IBM联手研究并首先建成了由一台计算机连接全美国2000多个终端组成的美国航空订票系统（SABRE）。在该系统中，各终端采用多条线路与中央计算机连接。SABRE系统的特点是出现了通信控制器和前端处理机，采用了实时、分时与分批处理的方式，提高了线路的利用率，使通信系统发生了根本变革。从严格意义上讲，第一阶段远程终端与分时系统的主机相连的形式并不能算作计算机网络。

（2）第二阶段，计算机网络——多机系统

1969年9月，美国国防部高级研究计划局和十几个计算机中心一起，研制出了ARPA net，建立该网的目的是将若干大学、科研机构和公司的多台计算机连接起来，实现资源共享。ARPA net是第一个较为完善地实现了分布式资源共享的网络。20世纪70年代后期，全世界已经出现了数量众多的计算机网络，并且各个计算机网络均为封闭状态。

国际标准化组织在1977年开始着手研究网络互联问题，并在不久之后，提出了一个能使各种计算机在世界范围内进行互联的标准框架，也就是开放系统互联参考模型。

（3）第三阶段，互联网——多网络系统

互联网属于网络——网络的系统，全球已有几万个网络进行了互联。互联网成功地采用了TCP/IP，使网络可以在TCP/IP体系结构和协议规范的基础上进行互联。1983年，伯克利加州大学开始推行TCP/IP，并建立了早期的互联网。

20世纪90年代，互联网进入了高速发展期，到了21世纪，互联网的应用越来越普及，已进入我们生活的方方面面。

（4）第四阶段，未来发展——物联网等其他以互联网为核心和基础的网络

物联网（The Internet of Things，IoT）是通过信息传感设备，按约定的协议实现人与人、人与物、物与物全面互联的网络，其主要特征是通过射频识别、传感器等方式获取物理世界的各种信息，结合互联网等网络进行信息的传送与交互，采用智能计算技术对信息进行分析处理，从而提高对物质世界的感知能力，实现智能化的决策和控制。

物联网已经进入我们的生活，并且在智能医疗、智能电网、智能交通、智能家居、智能物流等多个领域得到应用。其在形成系列产业链的同时，必将产生大规模的创业效益。以互联网为核心和基础的物联网将会是未来的主要发展趋势。

▶▶1.2　任务二：了解网络基础知识

1.2.1　计算机网络的分类

按照覆盖范围，计算机网络可以分为局域网（Local Area Network，LAN）、城域网（Metropolitan Area Network，MAN）和广域网（Wide Area Network，WAN）。

局域网是一个高速数据通信系统，它在较小的区域内连接若干独立的数据设备，使用户共享计算机资源。局域网的地域范围一般只有方圆几千米。局域网的基本组成包括服务器、客户端、网络设备和通信介质。通常，局域网中线路和网络设备的拥有权、使用权、

管理权一般都是属于用户所在公司或组织。

大开眼界

局域网的特点:
① 覆盖范围有限;
② 实现资源共享、服务共享;
③ 维护简单;
④ 组网开销低;
⑤ 主要传输介质为双绞线,并使用少量的光纤。

城域网是数据网的另一个例子,它在区域范围和数据传输速率两方面与LAN有所不同。其地域范围从方圆几千米至几百千米,数据传输速率可以从kbit/s达到Gbit/s。城域网能为分散的局域网提供服务。对于城域网来说,最好的传输媒介是光纤,因为光纤能够满足城域网在支持数据、声音、图形和图像业务上的带宽容量和性能要求。

大开眼界

城域网的特点:
① 组网方式相对复杂;
② 组网开销大;
③ 可实现资源互联;
④ 主要传输介质为光缆和光纤;
⑤ 可提供高速率、高质量的数据传输。

广域网覆盖范围为方圆几百千米至几千千米,由终端设备、节点交换设备和传送设备组成。一个广域网的骨干网络常采用分布式网状结构,本地网和接入网中通常采用树形或星形连接。广域网的线路与设备的所有权与管理权一般属于电信服务提供商,而不属于用户。

大开眼界

广域网的特点:
① 适应大容量与突发性、通用性的要求;
② 适应综合业务服务要求;
③ 具有完善的通信服务与网络管理功能;
④ 可提供高速率、高质量的数据传输;
⑤ 主要传输介质为光缆和光纤;
⑥ 拥有重量级的冗余方案。

Internet是由许多小的网络(子网)互联而成的一个逻辑网,每个子网中连接着若干台计算机（主机）。Internet以相互交流信息资源为目的，基于一些共同的协议，通过多台路由器和公共互联网相互连接而成，它是一个信息资源和资源共享的集合。

1.2.2 计算机网络的性能指标

计算机网络的性能指标主要包括速率、带宽、吞吐量、时延、往返时间（RTT）等。

1. 速率

网络技术中的速率是指连接在计算机网络上的主机在数字信道上的传输速率，也称为数据率或比特率。

速率的单位是bit/s。日常生活中所说的速率常常是指额定速率或标称速率，例如100Mbit/s以太网等。

> 📖 **小提示**
>
> 比特是计算机中数据量的单位，比特来源于Binary Digit，意思是一个"二进制数字"，因此一个比特就是二进制数字中的一个1或者0。

2. 带宽

计算机网络中，带宽用来表示网络的通信线路传送数据的能力，因此网络带宽表示在单位时间内从网络中的某一点到另一点所能通过的最高数据率。

带宽的单位是bit/s，常用的带宽单位有：

① 千比特每秒，即kbit/s；

② 兆比特每秒，即Mbit/s；

③ 吉比特每秒，即Gbit/s；

④ 太比特每秒，即Tbit/s。

3. 吞吐量

吞吐量表示在单位时间内实际通过某个网络（或信道接口）的数据量。吞吐量常用于对现实世界网络的一种测量，以便知道实际到底有多少数据能够通过网络。吞吐量的单位是bit/s。

> 📖 **小提示**
>
> 举个简单的例子，打开任务管理器，在联网那一栏，线路速度100Mbit/s是介质可提供的最大带宽，网络使用率20%×100Mbit/s就是实际吞吐量。显然，由于受到带宽或速率的限制，实际的网络吞吐量远远小于介质本身可以提供的最大带宽。

4. 时延

时延是指数据从网络的一端传送到另一端所需的时间，时延包括发送时延、传播时延、处理时延和排队时延。

① 发送时延：是主机或路由器发送数据帧所需要的时间，也就是从发送数据帧的第一个比特开始到最后一个比特发送完毕所需的时间，因此发送时延也叫传输时延。

②传播时延：是电磁波在信道中传播一定的距离需要花费的时间。

③处理时延：主机或路由器在收到分组时要花费一定的时间进行处理。

④排队时延：分组在通过网络传输时，要经过许多的路由器，但分组在进入路由器后要先在输入队列中排队等待处理，在路由器确定转发接口后，还要在输出队列中排队等待转发，这样就会产生排队时延。

因此，数据在网络中经历的总时间，也就是总时延等于上述的4种时延之和，即：

总时延＝发送时延＋传播时延＋处理时延＋排队时延。

📖 小提示

对于高速网络链路，我们提高的仅仅是数据的发送速率而不是比特在链路上的传播速率。通常所说的"光纤信道的传输速率高"指的是光纤信道发送数据的速率可以很快，而光纤的实际传输速率比铜线的传播速率还要低一些。

5. 往返时间（RTT）

往返时间也是一个非常重要的指标，它表示从发送方发送数据开始，到发送方收到来自接收方的确认，总共经历的时间。在互联网中，RTT还包括中间各节点的处理时延、排队时延以及转发数据时的发送时延。

1.2.3 计算机网络的拓扑结构

常见的计算机网络物理拓扑有以下几种。

1. 星形网

每一终端均通过单一的传输链路与中心交换节点相连，具有结构简单、建网容易且易于管理的特点；缺点是中心设备负载过重，当其发生故障时，整个网络都将处于瘫痪状态。另外，每一节点均有专线与中心节点相连，使得线路利用率不高，信道容量消耗较大。

星形网拓扑结构如图1-2所示。

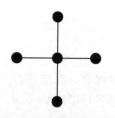

图1-2 星形网拓扑结构

2. 树形网

树形网是一种分层网络，适用于分级控制系统。树形网的同一线路可以连接多个终端。与星形网相比，它具有节省线路、成本较低和易于扩展的特点。树形网的缺点是对高层节点和链路的要求较高。树形网拓扑结构如图1-3所示。

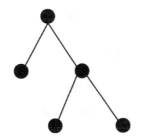

图 1-3　树形网拓扑结构

3. 分布式网络

分布式网络结构是由分布在不同地点且具有多个终端的节点互连而成的。分布式网络中任一节点均至少与两条线路相连，当任意一条线路发生故障时，通信可转经其他链路完成，具有较高的可靠性。同时，分布式网络易于扩充，但缺点是网络控制机构复杂，线路增多使成本增加。分布式网络拓扑结构如图 1-4 所示。

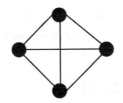

图 1-4　分布式网络拓扑结构

分布式网络又称网形网，较有代表性的网形网就是全连通网络。可以计算，一个具有 N 个节点的全连通网络需要有 $N \times (N-1)$ 条链路，这样，当 N 值较大时，传输链路数很大，而传输链路的利用率较低。因此，在实际应用中我们一般不选择全连通网络，而是在保证可靠性的前提下，尽量减少链路的冗余和降低造价。

4. 总线形网

总线形网是通过总线把所有节点连接起来，从而形成一条信道。总线形网络结构比较简单，扩展十分方便。总线形网络结构常用于计算机局域网中。总线形网络拓扑结构如图 1-5 所示。

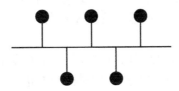

图 1-5　总线形网络拓扑结构

5. 环形网

环形网是指各设备经环路节点连成环形。环形网信息流一般为单向，线路是公用的，采用分布控制方式。环形网结构常用于计算机局域网中，有单环和双环之分，双环的可靠性明显优于单环。环形网拓扑结构如图 1-6 所示。

图1-6　环形网拓扑结构

6. 复合形网络

复合形网络结构是现实中常见的组网方式,其特点是将分布式网络与树形网结合起来。比如,我们可在计算机网络中的骨干网部分采用网形网结构,而在基层网络中采用星形网络,这样既提高了网络的可靠性,又节省了链路成本。复合形网络拓扑结构如图1-7所示。

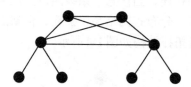

图1-7　复合形网络拓扑结构

1.2.4　计算机网络的相关标准化组织

在计算机网络的发展过程中有许多国际标准化组织做出了重大的贡献,他们统一了网络的标准,使各个网络产品厂商生产的产品可以互通。目前,为网络的发展做出贡献的标准化组织主要有以下几个。

1. 国际标准化组织(ISO)

ISO成立于1947年,是世界上最大的国际标准化专门机构。ISO的宗旨是在世界范围内促进标准化工作的开展,主要活动是制定国际标准,协调世界范围内的标准化工作。

ISO标准的制定过程要经过工作草案、建议草案、国际标准草案和国际标准4个阶段。

2. 国际电信联盟(ITU)

ITU成立于1932年,前身为国际电报联合会(UTI)。ITU的宗旨是维护与发展成员国间的国际合作以改进和共享各种电信技术;帮助发展中国家大力发展电信事业;通过各种手段促进电信技术设施和电信网的改进;管理无线电频带的分配和注册,避免各国电台的互相干扰。

其中,国际电信联盟电信标准化部(ITU-T)是一个开发全球电信技术标准的国际组织,也是ITU的4个常设机构之一。ITU-T的宗旨是研究与电话、电报、电传运作和关税有关的问题,并对国际通信用的各种设备及规程的标准化分别制定了一系列建议,具体如下。

F系列:制定有关电报、数据传输和远程信息通信业务。

I系列:制定有关数字网的建议(含ISDN)。

T系列:制定有关终端设备的建议。

V系列:制定有关在电话网上进行数据通信的建议。

X系列:制定有关数据通信网络的建议。

3. 电气和电子工程师协会（IEEE）

IEEE是世界上最大的专业性组织，主要工作是开发通信和网络标准。IEEE制定的关于局域网的标准已经成为当今主流的LAN标准。

4. 美国国家标准学会（ANSI）

美国在ISO中的代表是ANSI，实际上该组织与其名称不相符，它是一个私人的非政府非营利性的组织，其研究范围与ISO相对应。

5. 电子工业协会（EIA）

EIA曾经制定过许多知名的标准，是一个电子传输标准的解释组织。EIA开发的RS-232和ES-449标准在如今的数据通信设备中被广泛使用。

6. Internet工程任务组（IETF）

IETF成立于1986年，是推动Internet标准规范制定的最主要的组织。对于虚拟网络世界的形成，IETF起到了重要的作用。除TCP/IP外，几乎所有互联网的基本技术都是由IETF开发或改进的。IETF工作组创建了网络路由、管理、传输标准，这些正是互联网赖以生存的基础。

IETF是一个非常大的开放性国际组织，由网络设计师、运营者、服务提供商和研究人员组成，致力于Internet架构的发展和操作。通常，IETF的实际工作是在其工作组中完成的，这些工作组又根据主题的不同被划分到若干个领域，如路由、传输、网络安全领域等。

7. Internet架构委员会（IAB）

IAB负责定义整个互联网的架构，负责向IETF提供指导，是IETF最高技术决策机构。

8. 互联网数字分配机构（IANA）

Internet的IP地址和AS号码分配是分级进行的。IANA是对全球Internet上的IP地址进行编号分配的机构。

按照需要，IANA将部分IP地址分配给地区级的Internet注册机构（IR），地区级的IR负责该地区的登记注册服务。现在，全球一共有3个地区级的IR：Internic、Ripenic、Apnic。Internic负责北美地区，Ripenic负责欧洲地区，亚太区国家的IP地址和AS号码分配由Apnic管理。

项目总结

1. 计算机网络的定义及功能。
2. 计算机网络的分类及性能指标。
3. 计算机网络的拓扑结构。
4. 相关标准化组织。

思考与练习

1. 按照覆盖范围，常见的计算机网络可以分为哪几类？
2. 计算机网络建好之后，怎样评价该网络的好坏？
3. 计算机网络的发展经历了哪几个阶段？各阶段有什么特点？计算机网络未来发展的趋势是什么？

4.常见的网络拓扑结构有哪几种？各自有什么样的特点？

实践活动

总结生活中常见网络的拓扑结构

1.实践目的

① 了解网络的拓扑结构。

② 掌握每种拓扑的优缺点。

2.实践要求

学员能够独立识别常见的网络拓扑并了解每种拓扑的优缺点。

3.实践内容

找到3种以上常见网络拓扑结构，画出对应的网络拓扑图。

项目2 解构网络协议框架

项目引入

　　小李入职前期，公司会经常进行技术人员考核，在一次考核中，公司领导向小李提出一个问题，即小李在使用QQ聊天的时候，为什么是他的女朋友的QQ收到消息，而不是他的其他QQ好友收到消息。小李没有回答出来，就咨询了他的主管领导。

　　小李：这个问题到底是什么原因呢？

　　主管：数据在网络中传输时，需要在其前面添加一些控制信息。这类似于我们的快递行为，如果我们寄的物品是要传递的信息，那么快件的外包装和填写的运单等信息就是控制信息，至于这些控制信息是什么，你要好好查看OSI和TCP协议栈里面的内容了。

　　本章介绍的OSI和TCP模型，以及数据的封装和解封装过程，可以解决小李的困惑。

学习目标

1. 领会：OSI参考模型及数据封装和解封装过程。
2. 熟悉：TCP和UDP的区别，OSI和TCP/IP协议簇的区别。
3. 掌握：ARP、RARP工作原理，常见的TCP/IP中各层的协议。
4. 了解：TCP/IP各层报文头部格式。

2.1 任务一：初识OSI参考模型

　　自20世纪60年代计算机网络问世以来，国际上各大厂商为了在数据通信网络领域占据主导地位，顺应信息化潮流，纷纷推出了各自的网络架构体系和标准，例如IBM公司的SNA、Novell公司的IPX/SPX协议、Apple公司的AppleTalk协议、DEC公司的网络体系结构（DNA），以及广泛流行的TCP/IP；同时，各大厂商针对自己的协议又生产出了不同的硬件和软件。各个厂商的共同努力无疑促进了网络技术的快速发展和网络设备种类的增多。

　　但多种协议的并存使网络变得越来越复杂。厂商之间的网络设备大部分不能兼容，很难进行通信。为了解决网络之间的兼容性问题，帮助各个厂商生产出能够兼容的网络设备，国际标准化组织于1984年提出了OSI（Open System Interconnection，开放系统互联）参考模型。OSI参考模型很快成为计算机网络通信的基础模型。

大开眼界

为了保证通信的正常进行，我们必须事先做一些规定，并且通信双方要正确执行这些规定，我们把这种通信双方必须遵守的规则和约定称为协议或规程。

协议的要素包括语法、语义和定时。语法规定通信双方"如何讲"，即确定数据格式、数据码型、信号电平等；语义规定通信双方"讲什么"，即确定协议元素的类型，如规定通信双方要发出什么控制信息、执行什么动作和返回什么应答等；定时关系则规定事件执行的顺序，即确定链路通信过程通信状态的变化，如规定正确的应答关系等。

层次和协议的集合称为网络的体系结构。OSI参考模型是作为一个框架来协调和组织各层协议的制定，也是对网络内部结构最精练的概括与描述。

2.1.1 OSI 参考模型的层次结构

OSI参考模型定义了开放系统的层次结构、层次之间的相互关系及各层所包含的可能的服务。图2-1为OSI参考模型，它采用分层结构化技术，将整个网络的通信功能分为七层，由低层至高层分别是：物理层、数据链路层、网络层、传输层、会话层、表示层、应用层，每一层都有特定的功能，并且下一层为上一层提供服务。OSI参考模型分层原则为：根据不同功能进行抽象的分层，每层都可以实现一个明确的功能，每层功能的制定都有利于明确网络协议的国际标准，层次明确可避免各层的功能混乱。

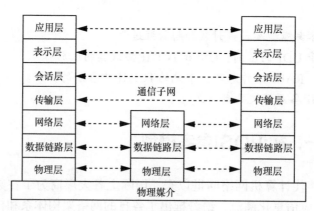

图 2-1　OSI 参考模型

具体的划分原则如下：
① 网络中各节点都有相同的层次；
② 不同节点的同等层具有相同的功能；
③ 同一节点内相邻层之间通过接口通信；

④ 每一层使用下层提供的服务，并向其上层提供服务；

⑤ 不同节点的同等层按照协议实现对等层之间的通信。

分层的优点是利用层次结构可以把开放系统的信息交换问题分解到不同的层中，各层可以根据需要独立进行修改或扩充功能，同时，还有利于多个不同制造厂商的设备互联，也有利于我们学习、理解数据通信网络。

在OSI参考模型中，各层的数据并不是从一端的第N层直接被传送到另一端的，第N层的数据在垂直的层次中被自上而下地逐层传递直至物理层，最终在物理层的两个端点进行物理通信，我们把这种通信称为实通信。对等层的通信并不是直接进行，因而，我们把这种通信称为虚拟通信。

OSI参考模型具有以下优点：

① 简化了相关的网络操作；

② 提供即插即用的兼容性和不同厂商之间的标准接口；

③ 使各个厂商能够设计出互操作的网络设备，加快数据通信网络发展；

④ 防止一个区域网络的变化影响另一个区域的网络；

⑤ 把复杂的网络问题分解为小的简单问题，易于学习和操作。

OSI参考模型只是提供了一个抽象的体系结构，我们需要根据它研究各项标准，并在这些标准的基础上设计系统。开放系统的外部特性必须符合OSI参考模型，而各个系统的内部功能是不受限制的。

2.1.2　OSI 参考模型各层的功能

在OSI参考模型中，不同层级完成不同的功能，各层相互配合，通过标准的接口进行通信。

应用层、表示层和会话层合在一起常称为高层或应用层，其功能通常是由应用程序软件实现的；物理层、数据链路层、网络层、传输层合在一起常称为数据流层，其功能大部分是通过软硬件结合共同实现的。

1. 应用层

应用层是OSI体系结构中的最高层，是直接面向用户以满足不同用户的需求，利用网络资源，唯一向应用程序直接提供服务的层。应用层主要由用户终端的应用软件构成，例如我们常见的Telnet、FTP、SNMP等协议都属于应用层的协议。

📖 小提示

这里，我们讨论的是网络应用进程而不是通常主机上常用的应用程序，如Word、PowerPoint等。

2. 表示层

表示层主要解决用户信息的语法表示问题，它向上为应用层提供服务。表示层的功能是转换信息格式和编码，例如将ASCII码转换成为EBCDIC码等。此外，对传送的信息进行加密与解密也是表示层的任务之一。

表示层处于OSI参考模型中的第六层，是为不同的通信系统制订一种相互都能理解的通信语言标准。这是因为不同的计算机体系结构使用的数据表示方法不同，比如，IBM公司的计算机使用EBCDIC编码，而大部分PC使用的是ASCII码。在这种情况下，需要表示层完成这种数据转换。除了制订表示方法以外，表达层还可以规定传输的数据是否需要加密或者压缩，从技术应用层面讲，这个过程一般由通信系统透明完成，用户的可操作性很小。

3. 会话层

会话层的任务是提供一种有效的方法，组织并协商两个表示层进程之间的会话，并管理他们之间的数据交换。会话层的主要功能是按照应用进程之间的原则，以正确的顺序发/收数据，进行各种形态的对话，其中包括对对方是否有权参加会话进行身份核实，并且在选择功能方面取得一致，如选全双工还是半双工通信。

会话层为用户建立或拆除会话，该层的服务可建立应用和维持会话，并能将会话同步。从技术应用层面讲，这个过程一般由通信系统透明完成，用户的可操作性很小。

4. 传输层

传输层可以为主机应用程序提供端到端的可靠或不可靠的通信服务。传输层对上层屏蔽下层网络的细节，保证通信质量，消除通信过程中产生的错误，控制流量，以及对分散到达的包顺序重新排序等。

传输层的功能包括以下几点：

① 分割上层应用程序产生的数据；
② 在应用主机程序之间建立端到端的连接；
③ 控制流量；
④ 提供可靠或不可靠的服务；
⑤ 提供面向连接与非连接的服务。

传输层为OSI参考模型的高层数据提供可靠的传输服务，并且它会将较大的数据封装分割成小块的数据段。由于较大的数据在传输过程中容易造成很长的传输延时，如果传输失败，数据重传将占用很多时间；而其被分割成较小块的数据段后，可以在很大程度上降低传输时延，即便是重传数据段，所需要的传输时延也很短，这样可以提高传输效率。被分割的较小数据段会在信宿处进行有序的重组，以还原成原始的数据。

5. 网络层

网络层是OSI参考模型中的第三层，介于传输层与数据链路层之间，在数据链路层提供的两个相邻节点间的数据帧传送功能上，进一步管理网络中的数据通信，将数据设法从源端经过若干中间节点传送到目的端，从而向传输层提供最基本的端到端的数据传送服务。网络层的关键技术是路由选择。

网络层功能包括定义逻辑源地址和逻辑目的地址，提供寻址的方法，连接不同的数据链路层等。

常见的网络层协议包括IP、IPX协议与AppleTalk协议等。

小提示

IPX（Internetwork Packet Exchange，互联网分组交换）协议是一个专用的协议簇，它主要由Novell NetWare操作系统使用。IPX是IPX协议簇中的第三层协议。IPX与IP是两种不同的网络层协议，它们的路由协议也不一样，IPX的路由协议不像IP的路由协议那样丰富，设置比较简单。

AppleTalk（AT）是由Apple公司创建的一组网络协议的名字，它用于Apple系列的个人计算机，支持网络路由选择、事务服务、数据流服务以及域名服务，并且通过Apple硬件中的LocalTalk接口可全面实现Apple系统间的文件和打印共享服务。

6. 数据链路层

数据链路层是OSI参考模型的第二层，它以物理层为基础，向网络层提供可靠的服务。数据链路层的主要功能如下。

① 数据链路层主要负责数据链路的建立、维持和拆除，并在两个相邻节点的线路上，将网络层传送来的信息包组成帧后传送，每一帧包括数据和一些必要的控制信息。

② 数据链路层的作用为定义物理源地址和物理目的地址。在实际的通信过程中，数据链路层依靠数据链路层地址在设备间寻址。数据链路层的地址在局域网中是MAC（媒体访问控制）地址，在不同的广域网链路层协议中采用不同的地址，如在Frame Relay中的数据链路层地址为DLCI（数据链路连接标识符）。MAC地址组成如图2-2所示。

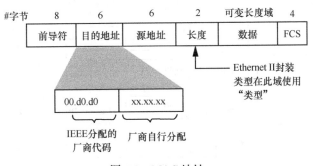

图 2-2　MAC 地址

③ 定义网络拓扑结构。网络的拓扑结构是由数据链路层定义的，如以太网的总线拓扑结构、交换式以太网的星形拓扑结构、令牌环的环形拓扑结构、FDDI的双环拓扑结构等。

④ 数据链路层通常还定义帧的顺序控制、流量控制、面向连接或非连接的通信类型。

MAC地址有48位，它可以转换成12位的十六进制数，这个数分成三组，每组有4个数字，中间以小数点分开。MAC地址有时也称为点分十六进制数。它一般烧录NIC（网络接口控制器）中。为了确保MAC地址的唯一性，IEEE负责管理这些地址。每个地址由供应商代码和序列号组成。供应商代码代表NIC制造商的名称，它占用MAC的前6位十二进制数字，即24位二进制数字。序列号由设备供应商管理，它占用剩余的6位地址，即最后的24位二进制数字。如果设备供应商用完了所有的序列号，则它必须申请另外的供应商代码。目前ZTE的GAR产品MAC地址前6位为00d0d0。

7. 物理层

物理层是OSI参考模型的第一层，也是最低层。这一层中规定的既不是物理媒介，也不是物理设备，而是物理设备和物理媒介相连接时一些描述的方法和规定。物理层的功能是提供比特流传输。物理层提供用于建立、保持和断开物理接口的条件，以保证比特流的透明传输。

物理层协议主要规定了计算机或终端与通信设备之间的接口标准，包含接口的机械、电气、功能与规程4个方面的特性。物理层定义了媒介类型、连接头类型和信号类型。

2.1.3 OSI 数据封装过程

OSI参考模型中每个层次接收到上层传递过来的数据后都要将本层次的控制信息加入数据单元的头部，一些层次还要将校验和等信息附加到数据单元的尾部，这个过程称为封装。

封装后的协议数据单元在每层的叫法不同。在应用层、表示层、会话层，协议数据单元统称为Data（数据）；在传输层，协议数据单元称为Segment（数据段）；在网络层，协议数据单元称为Packet（数据包）；在数据链路层，协议数据单元称为Frame（数据帧）；在物理层，协议数据单元称为Bits（比特流）。OSI的数据封装如图2-3所示。

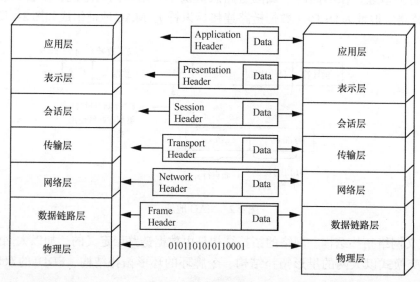

图2-3　OSI 的数据封装

当数据到达接收端时，每一层会读取相应的控制信息，根据控制信息中的内容向上层传递数据单元，再向上层传递去掉本层的控制头部信息和尾部信息（如果有），此过程称为解封装。

解封装逐层执行直至将对端应用层产生的数据发送给本端相应的应用进程。

下面以用户浏览网站为例说明数据的封装、解封装过程，如图2-4所示。

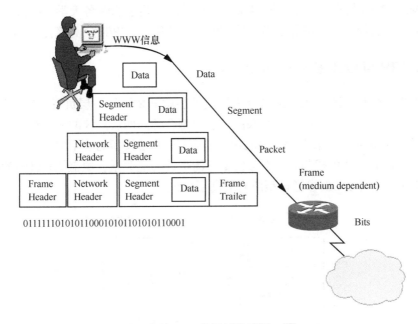

图 2-4　数据封装示例

步骤1：当用户输入要浏览的网站信息后就由应用层产生相关的数据，通过表示层转换成为计算机可识别的ASCII码，再由会话层产生相应的主机进程传送给传输层。

步骤2：传输层将以上信息作为数据并加上相应的端口号信息以便目的主机辨别此报文，从而获知具体应由本机的哪个进程来处理。

步骤3：在网络层加上IP地址使报文能确认应到达的主机，再在数据链路层加上MAC地址，转换成比特流信息，从而使其在网络上传输。

步骤4：报文在网络上被各主机接收，通过检查报文的目的MAC地址判断是否是自己需要处理的报文，如果发现MAC地址与自己不一致，则丢弃该报文；如果一致就去掉MAC信息送给网络层判断其IP地址，然后根据报文的目的端口号确定由本机的哪个进程来处理。

以上就是报文的解封装过程。

📖 **小提示**

需要注意的是，由于种种原因，现在还没有一个完全遵循OSI七层参考模型的网络体系，但OSI参考模型的设计蓝图为我们更好地理解网络体系和学习计算机通信网络知识奠定了基础。

2.2 任务二：TCP/IP协议簇探究

1973年，TCP（Transmission Control Protocol，传输控制协议）正式投入使用。1981年，IP（Internet Protocol，网际协议）投入使用。1983年，TCP/IP正式被集成到美国加州大学伯克利分校的UNIX版本中。该"网络版"操作系统满足了当时各大学、机关、企业旺盛的联网需求，因而随着该免费分发操作系统的广泛使用，TCP/IP广为流传。

2.2.1 TCP/IP 与 OSI 参考模型的比较

与OSI参考模型一样，TCP/IP也分为不同的层次开发，每一层负责不同的通信功能。但是，TCP/IP简化了层次设计，将原来的七层模型合并为四层协议的体系结构，自顶向下分别是应用层、传输层、网络层和数据链路层，没有OSI参考模型的表示层和会话层。从图2-5中可以看出，TCP/IP协议栈与OSI参考模型有清晰的对应关系，覆盖了OSI参考模型的所有层次，应用层包含了OSI参考模型所有的高层协议。

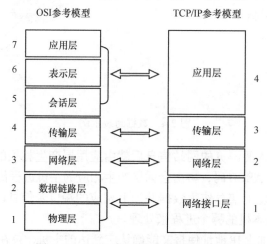

图 2-5 TCP/IP 与 OSI 参考模型的比较

两种协议的相同点有两点：一是，两种协议都是分层结构，并且工作模式一样，层和层之间都有很密切的协作关系，有相同的应用层、传输层、网络层；二是，都使用包交换技术。

两种协议的不同点有三点：一是，TCP/IP把表示层和会话层都归入应用层；二是，TCP/IP的结构比较简单，因为分层少；三是，TCP/IP标准是在Internet网络不断的发展中建立的，基于实践，有很高的信任度，相比较而言，OSI参考模型是基于理论的，是一种向导。

2.2.2 TCP/IP 协议簇的层次结构

TCP/IP协议簇是由不同网络层次的不同协议组成的，如图2-6所示。

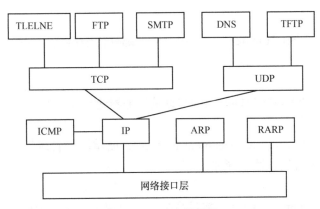

图 2-6　TCP/IP 协议簇

网络接口层涉及在通信信道上传输的原始比特流，它规定了传输数据所需要的机械、电气、功能及规程等特性，提供检错、纠错、同步等措施，使之对网络层显现一条无错线路，并且能够进行流量调控。

网络层的主要协议有 IP、ICMP（Internet Control Message Protocol，互联网控制报文协议）、IGMP（Internet Group Management Protocol，互联网组管理协议）、ARP（Address Resolution Protocol，地址解析协议）和 RARP（Reverse Address Resolution Protocol，反向地址转换协议）等。

传输层的基本功能是为两台主机间的应用程序提供端到端的通信。传输层从应用层接收数据，并且在必要的时候把它分成较小的单元，传送给网络层，并确保到达对方的各段信息正确无误。传输层的主要协议有 TCP、UDP（User Datagram Protocol，用户数据报协议）。

应用层负责处理特定的应用程序细节，显示接收到的信息，把用户的数据发送到低层，为应用软件提供网络接口。应用层包含大量常用的应用层协议，例如 HTTP 文本传输协议、Telnet 远程登录、FTP 文件传输协议等。

2.2.3　TCP/IP 协议簇应用层协议

应用层为用户的各种网络应用开发了许多网络应用程序，例如文件传输、网络管理等，甚至包括路由选择。这里我们重点介绍常用的几种应用层协议。

1. FTP

FTP（File Transfer Protocol，文件传输协议）是用于文件传输的 Internet 标准。FTP 支持一些文本文件（例如 ASCII、二进制数等）和面向字节流的文件结构。FTP 使用 TCP 在支持 FTP 的终端系统间执行文件传输，因此，FTP 被认为提供了可靠的面向连接的服务，适合远距离、可靠性较差线路上的文件传输。

2. TFTP

TFTP（Trivial File Transfer Protocol，简单文件传输协议）也是用于文件传输，但 TFTP 使用 UDP 提供服务，被认为是不可靠的、无连接的。TFTP 通常用于可靠的局域网内部的文件传输。

3. SMTP

SMTP（Simple Mail Transfer Protocol，简单邮件传输协议）支持文本邮件的Internet传输。

4. Telnet

Telnet（远程登录）是客户端使用的与远端服务器建立连接的标准终端仿真协议。

5. SNMP

SNMP（Simple Network Management Protocol，简单网络管理协议）负责网络设备监控和维护，支持安全管理、性能管理等。

6. DNS

DNS（Domain Name System，域名系统）可把网络节点易于记忆的名字转化为网络地址。

2.2.4 TCP/IP协议簇传输层协议

传输层位于应用层和网络层之间，为终端主机提供端到端的连接、流量控制（由窗口机制实现）、可靠性（由序列号和确认技术实现）、全双工传输等。传输层协议分为TCP和UDP两种。虽然TCP和UDP都使用相同的网络层协议（IP），但是TCP和UDP却为应用层提供完全不同的服务。

1. 传输控制协议（TCP）

传输控制协议为应用程序提供可靠的面向连接的通信服务，适用于要求得到响应的应用程序。目前，许多流行的应用程序都使用TCP。

（1）TCP的报文格式

整个报文由报文头部和数据两部分组成，如图2-7所示。

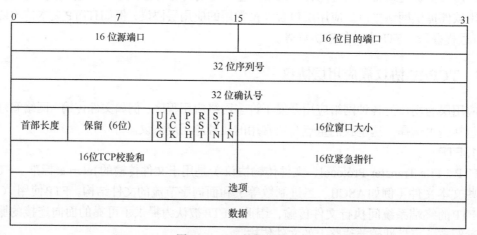

图 2-7　TCP 的报文格式

下面，我们对TCP报文头部的主要字段进行介绍。

① 每个TCP的报文头部都包含源端口号和目的端口号，用于标识和区分源端设备和目的端设备的应用进程。在TCP/IP协议栈中，源端口号和目的端口号分别与源IP地址和目的IP地址组成套接字，套接字唯一地确定一条TCP连接。

② 序列号字段用来标识TCP源端设备向目的端设备发送的字节流，它表示在这个报文段中的第一个数据字节。如果将字节流看作是在两个应用程序间的单向流动，那么TCP用序列号对每个字节进行计数。

③ 确认号字段包含发送确认的一端所期望接收到的下一个序号。因此，确认号应该是上次已成功收到的数据字节序列号加1。

④ 首部长度——占4位，指出TCP首部共有多少个4字节字，首部长度在20～60字节，所以，该字段值在5～15。

⑤ 保留字段——占6位，保留为今后使用，但目前应置为0。

⑥ URG——当URG为1时，表明紧急指针字段有效。它告诉系统此报文段中有紧急数据，应尽快传送（相当于高优先级的数据）。

⑦ ACK——只有当ACK为1时确认号字段才有效。当ACK为0时，确认号无效。

⑧ PSH（PuSH）——TCP接收端收到PSH = 1的报文段，就尽快地交付接收应用进程，而不等到整个缓存都填满了之后再向上交付。

⑨ RST（ReSeT）——当RST =1时，表明TCP连接中出现严重差错（如由于主机崩溃或其他原因），必须释放连接，然后再重新建立传输连接。

⑩ SYN——SYN = 1表示一个连接请求或连接接收报文。

⑪ FIN（FINis）——用来释放一个连接。FIN=1表明此报文段发送端的数据已发送完毕，并要求释放传输连接。

⑫ 窗口字段——占2字节，是让对方设置发送窗口的依据，单位为字节。窗口大小用字节数来表示，例如Windows size=1024，表示一次可以发送1024字节的数据。窗口大小起始于确认字段指明的值，是一个16位字段。窗口的大小可以由接收方调节。窗口实际上是一种流量控制的机制。

⑬ 校验和——占2字节，校验和字段检验的范围包括首部和数据这两部分。校验和字段用于校验TCP报头部分和数据部分的正确性。

⑭ 紧急指针字段——占16位，指出在本报文段中紧急数据共有多少个字节（紧急数据放在本报文段数据的最前面）。

⑮ 选项字段——长度可变。TCP最初只规定了一种选项，即最大报文段长度（MSS）。MSS告诉对方TCP："我的缓存所能接收的报文段的数据字段的最大长度是MSS个字节。"

⑯ 填充字段——这是为了使整个首部长度达到4字节的整数倍。

（2）TCP建立连接/3次握手

TCP是面向连接的传输层协议，所谓面向连接就是在真正的数据传输开始前要完成连接建立的过程，否则不会进入真正的数据传输阶段。

TCP的连接建立过程通常被称为3次握手，过程如图2-8所示。

步骤1：A的TCP向B发出连接请求报文段，其首部中的同步位SYN = 1，并选择序号seq = x，表明传送数据时的第一个数据字节的序号是x。

步骤2：B的TCP收到连接请求报文段后，若同意，则发回确认。ACK = 1，其确认号ack = x +1。同时B向A发起连接请求，应使SYN = 1，自己选择的序号seq = y。

步骤3：A收到此报文段后向B给出确认，其ACK = 1，确认号ack = y+1。A的TCP通知上层应用进程，连接已经建立。

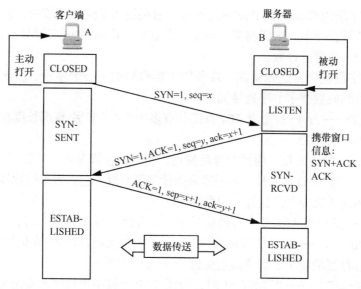

图 2-8   TCP 3 次握手过程

大开眼界

3 次握手示例如下。

主机 A 向主机 B 发出连接请求数据包："我想给你发数据，可以吗？"这是第 1 次对话；主机 B 向主机 A 发送同意连接和要求同步（同步就是两台主机一个在发送，一个在接收，协调工作）的数据包："可以，你什么时候发？"这是第 2 次对话；主机 A 再发出一个数据包确认主机 B 的要求同步："我现在就发，你接收吧！"这是第三次对话。3 次"对话"的目的是使数据包的发送和接收同步，经过 3 次"对话"之后，主机 A 才正式向主机 B 发送数据。

（3）TCP 终止连接/4 次握手

TCP 终止连接/4 次握手示意如图 2-9 所示。

一个 TCP 连接是全双工（即数据在两个方向上能同时传递），因此每个方向必须单独关闭。当一方完成它的数据发送任务后就发送一个 FIN 来终止这个方向的连接。当一端收到一个 FIN，它必须通知应用层另一端已经终止了那个方向的数据传送。所以 TCP 终止连接的过程需要 4 个过程，称之为 4 次握手过程。

数据传输结束后，通信的双方都可以释放连接。

步骤 1：现在 A 的应用进程先向其 TCP 发出连接释放报文段，并停止再发送数据，主动关闭 TCP 连接。A 把连接释放报文段首部的 FIN = 1，其序号 seq = u，等待 B 的确认。

步骤 2：B 发出确认，其 ACK=1，ack = $u+1$，而这个报文段自己的序号 seq = v。TCP 服务器进程通知高层应用进程。从 A 到 B 这个方向的连接就释放了，TCP 连接处于半关闭状态。B 若发送数据，A 仍要接收。

步骤 3：若 B 已经没有要向 A 发送的数据，其应用进程就通知 TCP 释放连接。FIN=1，seq=w，ACK=1，ack=$u+1$，A 收到连接释放报文段后，必须发出确认。

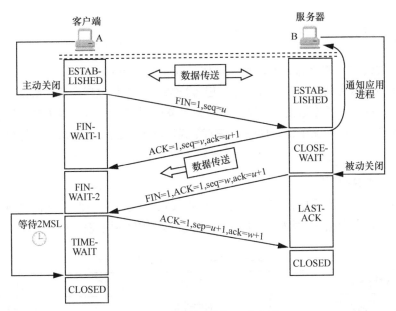

图 2-9　TCP 终止连接 /4 次握手

步骤4：在确认报文段中，ACK = 1，确认号 ack =w +1，自己的序号 seq = u+1。

大开眼界

为什么TCP建立连接是3次握手，而关闭连接却是4次握手呢？

这是因为服务端的LISTEN状态下的SOCKET收到SYN报文的建立连接请求后，可以把ACK和SYN（ACK起应答作用，而SYN起同步作用）放在一个报文里发送。关闭连接时，当TCP收到对方的FIN报文通知时，它仅仅表示对方没有再发送数据，但可能还需要给对方发送一些数据后，再给对方发送FIN报文表示同意现在可以关闭连接了，所以这里的ACK报文和FIN报文多数情况下都是分开发送的。

2. 用户数据报协议（UDP）

用户数据报协议：提供了不面向连接的通信，且不对传送数据包提供可靠的保证。它适合一次传输少量数据，可靠性则由应用层来负责。UDP段格式如图2-10所示。

图 2-10　UDP 段格式

相对于TCP报文，UDP报文只有少量的字段：源端口号、目的端口号、长度、校验和等，各个字段功能和TCP报文相应字段一样。

📖 **小提示**

UDP报文没有可靠性保证和顺序保证字段以及流量控制字段等，可靠性较差。当然，使用传输层UDP服务的应用程序有优势。因为UDP有较少的控制选项，所以在数据传输过程中，延迟较短，数据传输效率较高，适合对可靠性要求不高的一些实时应用程序，或者可以保障可靠性的应用程序，如DNS、TFTP、SNMP等。UDP也可以用于传输链路可靠的网络。

3. TCP与UDP的区别

TCP和UDP同为传输层协议，但是从其协议报文便可发现两者之间的明显差别，从而导致它们为应用层提供了两种截然不同的服务，具体区别见表2-1。

表2-1　TCP和UDP的区别

对比项目	TCP	UDP
是否面向连接	面向连接	无连接
是否提供可靠性	可靠传输	不提供可靠性
是否流量控制	流量控制	不提供流量控制
传输速度	慢	快
协议开销	大	小

① TCP是基于连接的协议，UDP是面向非连接的协议。

也就是说，TCP在正式收发数据前，必须和对方建立可靠的连接。一个TCP连接必须要经过3次"对话"才能建立起来。UDP是与TCP相对应的协议，它是面向非连接的协议，不与对方建立连接，可直接将数据包发送过去。

② 从可靠性的角度来看，TCP的可靠性优于UDP。

③ 从传输速度来看，TCP的传输速度比UDP慢。

④ 从协议报文的角度看，TCP的协议开销大，但是TCP具备流量控制的功能；UDP的协议开销小，但是UDP不具备流量控制的功能。

⑤ 从应用场合看，TCP适合于传送大量数据，而UDP适合传送少量数据。

2.2.5　网络层协议

网络层位于TCP/IP协议栈数据链路层和传输层中间，网络层接收传输层的数据报文，分段为合适的大小，用IP报文头部封装，交给数据链路层。网络层为了保证数据包的成功转发，定义了以下主要协议。

① IP（Internet Protocol，网际协议）和路由协议协同工作，寻找能够将数据包传送到目的端的最优路径。IP不关心数据报文的内容，提供无连接的、不可靠的服务。

② ICMP（Internet Control Message Protocol，因特网控制报文协议）定义了网络层控制和传递消息的功能。

③ ARP（Address Resolution Protocol，地址解析协议）把已知的IP地址解析为MAC

地址。

④ RARP（Reverse Address Resolution Protocol，反向地址转换协议）用于数据链路层地址已知时，解析IP地址。

1. IP数据包格式

普通的IP包头部长度为20字节，不包含IP选项字段。IP数据包中包含的主要部分如图2-11所示。

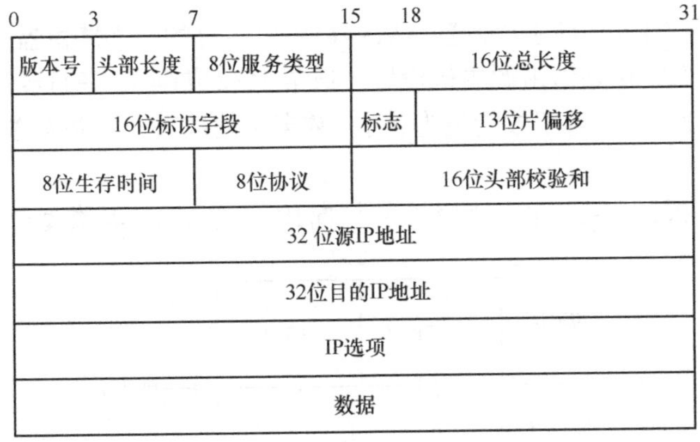

图 2-11　IP 包格式

① 版本号字段：标明了IP的版本号，目前的协议版本号为4，下一代IP的版本号为6。

② 头部长度字段：头部长度指的是IP包头中32 bit的数量，包括任选项。由于它是一个4 bit字段，每单位代表4字节，因此头部最长为60字节。普通IP数据包（没有任何选择项）字段的值是5，即长度为20字节。

③ 服务类型字段：包括一个3 bit的优先权子字段，4 bit的TOS子字段和1 bit未用但必须置0的子字段。4 bit的TOS分别代表：最短时延、最大吞吐量、最高可靠性和最少费用。4 bit中只能置其中1 bit。如果所有4 bit均为0，那么就意味着这是一般服务。路由协议如OSPF和IS-IS都能根据这些字段的值进行路由决策。

④ 总长度字段：指整个IP数据包的长度，以字节为单位。利用头部长度字段和总长度字段，就可以知道IP数据包中数据内容的起始位置和长度。因为该字段长16 bit，所以IP数据包最长可达65535字节。尽管其可以传送一个长达65535字节的IP数据包，但是大多数的链路层都会对它进行分片。总长度字段是IP头部中必要的内容，一些数据链路（如以太网）需要填充一些数据以达到最小长度。虽然以太网的最小帧长为46字节，但是IP数据可能会更短。如果没有总长度字段，那么IP层就不知道46字节中有多少是IP数据包的内容。

⑤ 标识字段：唯一标识主机发送的每一份数据包。通常每发送一份报文它的值就会加1，物理网络层一般要限制每次发送数据帧的最大长度。IP把MTU与数据包长度进行比较，如果需要则进行分片。分片可以发生在原始发送端主机上，也可以发生在中间路由器上。一份IP数据包分片以后，只有到达目的地才会重新进行组装。重新组装由目的端的IP层来完成，其目的是使分片和重新组装过程对传输层（TCP和UDP）是透明的，即使只丢失一片数据也要重传整个数据包。

已经分片过的数据包有可能会再次进行分片（可能不止一次）。IP头部中包含的数据为分片和重新组装提供了足够的信息。

对于发送端发送的每份IP数据包来说，其标识字段都包含一个唯一值。该值在数据包分片时被复制到每个片中。标志字段用其中一个比特来表示"更多的片"，除最后一片外，其他每片都要把该比特设置为1。

⑥ 片偏移字段：指的是该片偏移原始数据包开始处的位置。当数据包被分片后，每个片的总长度值要改为该片的长度值。

⑦ 生存时间（TTL）：该字段设置了数据包可以经过的最多路由器数。它指定了数据包的生存时间。TTL的初始值由源主机设置（通常为32或64），一旦经过一个处理它的路由器，它的值就减去1。当该字段的值为0时，数据包就被丢弃，并发送ICMP报文通知源主机。

⑧ 协议字段：根据它可以识别是哪个协议向IP传送数据，其类型如图2-12所示。

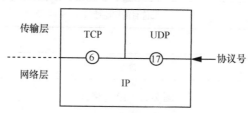

图 2-12　协议字段类型

由于TCP、UDP、ICMP和IGMP及一些其他的协议都要利用IP传送数据，因此IP必须在生成的IP头部中加入某种标识，以表明其承载的数据属于哪一类。为此，IP在头部中存入一个长度为8bit的数值，称作协议域。

其中，1表示ICMP，2表示IGMP，6表示TCP，17表示UDP。

⑨ 头部检验和字段：根据IP头部计算的检验和码。它不对头部后面的数据进行计算，因为ICMP、IGMP、UDP和TCP在它们各自的头部中均含有同时覆盖头部和数据校验和码。每一份IP数据包都包含32 bit的源IP地址和目的IP地址。

📖 大开眼界

最后一个字段是任选项，是数据包中的一个可变长的可选信息。这些任选项定义如下：
① 安全和处理限制（用于军事领域）；
② 记录路径（让每个路由器都记下它的IP地址）；
③ 时间戳（让每个路由器都记下它的IP地址和时间）；
④ 宽松的源站选路（为数据包指定一系列必须经过的IP地址）；
⑤ 严格的源站选路（与宽松的源站选路类似，但是要求只能经过指定的这些地址，不能经过其他的地址）。

这些选项很少被使用，并非所有的主机和路由器都支持这些选项。选项字段一直都是以32 bit作为界限，在必要的时候插入值为0的填充字节，这样就保证IP头部始终是32 bit的整数倍。最后是上层的数据，比如TCP或UDP的数据。

2. ICMP

ICMP是一种集差错报告与控制于一身的协议。在所有TCP/IP主机上都可实现ICMP。ICMP消息被封装在IP数据包里，ICMP经常被认为是IP层的一个组成部分。它传递差错报文以及其他需要注释的信息。ICMP报文通常被IP层或更高层协议（TCP或UDP）使用。一些ICMP报文把差错报文返回给用户进程。

Ping使用ICMP。"Ping"这个名字源于声呐定位操作，目的是为了测试另一台主机是否可达。该程序发送一份ICMP回应请求报文给主机，并等待ICMP回应应答。一般来说，如果不能Ping到某台主机，那么就不能Telnet或者FTP到那台主机。反过来，如果不能Telnet到某台主机，那么通常可以用Ping程序来确定问题出在哪里。Ping程序还能测出目的主机到这台主机的往返时间，以表明该主机离我们有"多远"。

📖 **小提示**

基于ICMP的两个协议分别是Ping和Tracert。

3. ARP的工作机制

当一台主机把以太网数据帧发送到位于同一局域网上的另一台主机时，是根据以太网地址来确定目的接口，ARP需要为IP地址和MAC地址这两种不同的地址形式提供对应关系。

ARP工作过程如图2-13所示。

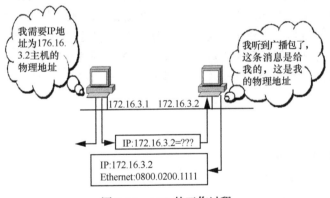

图2-13 ARP 的工作过程

步骤1：ARP发送一份称作ARP请求的以太网数据帧给以太网上的每个主机，这个过程称为广播，ARP请求数据帧中包含目的主机的IP地址，意思是"如果你是这个IP地址的拥有者，请回答你的MAC地址"。

步骤2：连接到同一LAN的所有主机都接收并处理ARP广播，目的主机的ARP层收到这份广播报文后，根据目的IP地址判断出这是发送端在询问它的MAC地址，于是就发送一个单播ARP应答。这个ARP应答包含IP地址及对应的MAC地址。收到ARP应答后，发送端就知道接收端的MAC地址了。

步骤3：ARP高效运行的关键是由于每个主机上都有一个ARP高速缓存。这个高速缓存存放了最近IP地址到硬件地址之间的映射记录。当主机查找某个IP地址与MAC地址的对应关系时，首先在本机的ARP缓存表中查找，只有在找不到时才进行ARP广播。

4. RARP的工作机制

RARP的工作过程如图2-14所示。

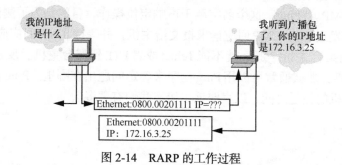

图 2-14　RARP 的工作过程

RARP实现过程是主机从接口卡上读取唯一的硬件地址，然后发送一份RARP请求（一帧在网络上广播的数据），请求某个主机（如DHCP服务器或BOOTP服务器）响应该主机系统的IP地址。

大开眼界

　　ARP是已知目标主机的IP地址，解析对应的MAC地址，而RARP是已知MAC地址去解析对应的IP地址。RARP通常被用在传统的网络中，即无盘工作站网络中。因为无盘工作站无法在初始化的过程中知道自己的IP地址，但是它们永远都知道自己的MAC地址，此时，它们使用RARP将已知的MAC地址解析成自己的IP地址，这个请求就是RARP，网络中的RARP服务器会应答这个请求。

项目总结

1. TCP/IP 与 OSI 参考模型。
2. OSI 参考模型各层的功能。
3. 封装与解封装。
4. OSI 与 TCP/IP 的异同。

思考与练习

1. 常用的 TCP/IP 应用层协议有哪些？
2. 简述 ARP 将 IP 地址映射为 MAC 地址的过程。
3. UDP 和 TCP 最大的区别是什么？
4. Ping 是用什么协议来实现的？
5. 简述 TCP 的可靠性有哪些机制。

实践活动

利用抓包工具分析数据包的逐层封装过程

1. 实践目的

① 了解TCP/IP的层次结构。

② 掌握数据包的封装内容。

2. 实践要求

学员能够独立地运用抓包工具对数据包进行抓包分析。

3. 实践内容

① 利用抓包工具进行抓包。

② 对抓取的数据包进行分析，掌握每层封装的内容。

项目 3 IPv4 地址规划

项目引入

主管：小李啊，咱们客服部有部分主机无法上网，你过去给看看。

小李：好的。

过了很久……

小李：主管，这个问题需要您亲自出马了，我没有处理好，我看了他们的主机IP地址，掩码地址填写的怎么是255.255.255.240啊，不应该是255.255.255.0吗？

主管：看来你需要好好看看IP编址，学习一下什么是IP地址和子网掩码，这是主机上网基础配置信息。

本章介绍了小李需要学习的IP地址规划编址知识，希望本章的讲解，能帮助小李解决子网掩码划分的问题。

学习目标

1. 掌握：IPv4编址的方法。
2. 领会：IPv4地址的分类。
3. 熟悉：可变长子网掩码。
4. 应用：IPv4地址规划设计。

3.1 任务一：初识IPv4地址

每台联网的电脑都需要有全局唯一的IP地址才能实现正常通信。我们可以把"个人电脑"比作"一台电话"，那么"IP地址"就相当于"电话号码"，我们通过拨打电话号码实现与对端的通信。

大开眼界

　　IP地址相当于人类世界中某人住宅位置的具体地址，包括哪一座城市里的哪一条街道，以及具体的门牌号。人类的住宅地址是为了方便寻找具体某一个人，而网络通信领域里的IP地址是为了确定一个具体网络设备或网络计算机所处的具体位置。

　　IP地址由32位二进制数构成，为方便书写及记忆，一个IP地址通常采用0～255之内的4个十进制数表示，数之间用点分开。这些十进制数中的每一个都代表32位地址的其中8位，即所谓的8位位组，称为点分十进制。

大开眼界

　　一个IPv4地址可以这样表示：点分十进制形式为10.110.192.111；二进制形式为00001010.01101110.10000000.01101111。

　　为了清晰地区分各个网段，我们决定对IP地址采用结构化的分层方案。
　　IP地址的结构化分层方案将IP地址分为网络部分和主机部分，IP地址的网络部分称为网络地址，网络地址用于唯一地标识一个网段，或者若干网段的聚合，同一网段中的网络设备有同样的网络地址。IP地址的主机部分称为主机地址，主机地址用于唯一地标识同一网段内的网络设备。

小提示

　　IP地址的分层方案类似于我们常用的电话号码。电话号码也是全球唯一的。例如电话号码010-12345678，前面的字段010代表北京的区号，后面的字段12345678代表北京市的一部电话。IP地址也是一样的，前面的网络部分代表一个网段，后面的主机部分代表这个网段的一台设备。

　　IP地址采用分层设计后，每一台第三层网络设备就不必存储每一台主机的IP地址，而是存储每一个网段的网络地址（网络地址代表了该网段内的所有主机），大大减少了路由表条目，增加了路由的灵活性。
　　区分网络部分和主机部分需要借助地址掩码。网络部分位于IP地址掩码前面的连续二进制"1"位，主机部分是后面连续二进制"0"位。

3.1.1　IPv4地址分类

　　按照原来的定义，IP寻址标准并没有提供地址类，为了便于管理后来加入了地址类的定义。地址类的实现将地址空间分解为数量有限的特大型网络（A类）、数量较多的中等网络（B类）和数量非常多的小型网络（C类）。
　　另外，还有特殊的地址类，包括D类（用于多点传送）和E类，通常指试验或研究类。IP地址分类如图3-1所示。

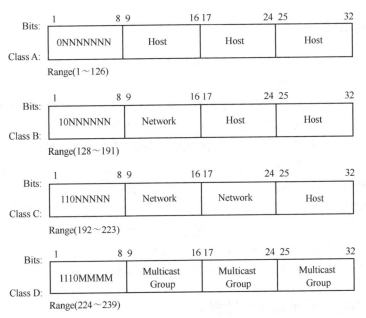

图3-1 IP地址分类

① A类地址：8位分配给网络地址，24位分配给主机地址。如果第1个8位位组中的最高位是0，则地址是A类地址。A类地址的范围是1.0.0.0～126.0.0.0。这对应于0～127中可能的8位位组。在这些地址中，0和127具有保留功能，所以实际的范围是1～126。A类中仅仅有126个网络可以使用。因为仅仅为网络地址保留了8位，所以第1位必须是0。然而，主机数字可以有24位，所以每个网络可以有16777214个主机。

② B类地址：为网络地址分配了16位，为主机地址分配了16位，一个B类地址可以用第1个8位位组的前两位为10来识别。这对应的值从128～191。既然前两位已经预先定义，那么实际上为网络地址留下了14位，所以可能的组合产生了16384个网络，而每个网络包含65534个主机。

③ C类地址：C类为网络地址分配了24位，为主机地址分配了8位。C类地址的前8位位组的前3位为110，对应的十进制数为192～223。在C类地址中，仅仅最后的8位位组用于主机地址，这限制了每个网络最多仅能有254个主机。既然网络编号有21位可以使用（3位已经预先设置为110），那么共有2097152个可能的网络。

④ D类地址：以1110开始。这代表的8位位组为224～239。这些地址并不用于标准的IP地址。相反，D类地址指一组主机，它们作为多点传送小组的成员而注册。多点传送小组和电子邮件分配列表类似。正如你可以使用分配列表名单将一条消息发布给一群人一样，你可以通过多点传送地址将数据发送给一些主机。多点传送需要特殊的路由配置，默认情况下它不会转发。

⑤ E类：如果第1个8位位组的前4位都设置为1111，则地址是一个E类地址。这些地址的范围为240～254，这类地址并不用于传统的IP地址，有时候用于实验或研究。

在互联网中，经常使用的IP地址类型是：A类、B类和C类。

3.1.2 保留的 IP 地址

IP 地址用于唯一标识一台网络设备，但并不是每一个 IP 地址都是可用的，一些特殊的 IP 地址被用于各种各样的用途，不能用于标识网络设备。

① 主机位的二进制全为 "0" 的 IP 地址，称为网络地址，网络地址用来标识一个网段。例如，A 类地址 1.0.0.0，私有地址 10.0.0.0、192.168.1.0 等。

② 主机位的二进制数全为 "1" 的 IP 地址，称为网段广播地址，广播地址用于标识一个网络的所有主机，如 10.255.255.255、192.168.1.255 等，路由器可以在 10.0.0.0 或者 192.168.1.0 等网段转发广播包。广播地址用于向本网段的所有节点发送数据包。

③ 对于网络部分为 127 的 IP 地址，例如 127.0.0.1 往往用于环路测试目的。

④ 全 "0" 的 IP 地址 0.0.0.0 代表临时通信地址（也可表示默认路由）。

⑤ 全 "1" 的 IP 地址 255.255.255.255 是广播地址，但 255.255.255.255 代表所有主机，用于向网络的所有节点发送数据包。这样的广播不能被路由器转发。

3.1.3 可用主机 IP 地址数量的计算

如上所述，每一个网段会有一些 IP 地址不能用作主机 IP 地址。下面让我们来计算可用的 IP 地址，如图 3-2 所示。

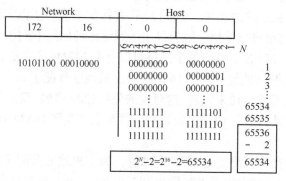

图 3-2　可用主机地址数量计算

例如，B 类网段 172.16.0.0，有 16 个主机位，因此有 2^{16} 个 IP 地址，去掉一个网络地址 172.16.0.0 和一个广播地址 172.16.255.255 不能用作标识主机，那么共有 $2^{16}-2$ 个可用地址。现在，我们可以这样计算每一个网段可用主机地址：假设这个网段的主机部分位数为 n，那么可用的主机地址个数为 2^n-2 个。

网络层设备（例如路由器等）使用网络地址来代表本网段内的所有主机，大大减少了路由器的路由表条目。

▶3.2　任务二：带子网划分的编址

对于没有子网的 IP 地址组织，外部将该组织看作单一网络，不需要知道内部结构。例如，所有到172.16.X.X的路由被认为是同一方向，不考虑地址的第3个和第4个8位位组，这种方案的好处是减少路由表的项目。无子网编址如图3-3所示。

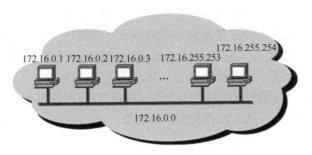

图3-3　无子网编址

但这种方案无法区分一个范围广的网络内不同子网的网段，这使得网络内所有主机都能收到在该范围网络的广播，会降低网络的性能，另外也不利于网络的管理。

例如，一个B类网络可容纳65000台主机在网络内运行。但是没有任何一个单位能够同时管理这么多台主机。这时需要用一种方法将这种网络分为不同的网段，并按照各个子网段管理。通常主机位可以细分为子网位与主机位。带子网编址如图3-4所示。

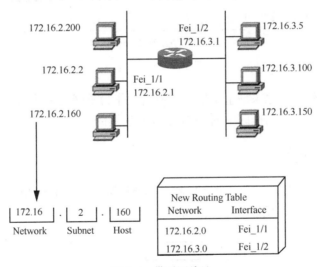

图3-4　带子网编址

在本例中，子网位占用了整个第3段的8位，与前一个例子的区别是原来一个B类网络被划分成了256个子网，每个子网可容纳的主机数量减少为254。

划分出不同的子网，即划分出不同的逻辑网络。这些不同网络之间的通信通过路由器来完成，也就是说原来一个大的广播域被划分成多个小的广播域。

网络设备使用子网掩码确定哪些部分为网络位，哪些部分为子网位，哪些部分为主机位。网络设备根据自身配置的IP地址与子网掩码，可以识别出一个IP数据包的目的地址是否与自己处在同一子网或处在同一主类网络但处于不同子网或处于不同的主类网络。

3.2.1 子网掩码

IP地址在没有相关的子网掩码的情况下存在是没有意义的。

网络设备使用子网掩码决定IP地址中哪部分为网络部分，哪部分为主机部分。

子网掩码使用与IP地址一样的格式，如图3-5所示。子网掩码的网络部分和子网部分全是1，主机部分全是0。缺省状态下，如果没有子网划分，A类网络的子网掩码为255.0.0.0，B类网络的子网掩码为255.255.0.0，C类网络子网掩码为255.255.255.0。利用子网，网络地址的使用会更有效。对外仍为一个网络，对内部而言，则分为不同的子网。

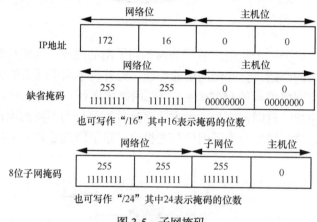

图 3-5 子网掩码

划分子网其实就是将原来地址中的主机位借位作为子网位来使用，目前规定借位必须从左向右连续借位，即子网掩码中的1和0必须是连续的。

3.2.2 IP 地址的计算

图3-6给出了计算实例：给定IP地址和子网掩码要求，计算该IP地址所处的子网网络地址、子网的广播地址及可用IP地址范围。

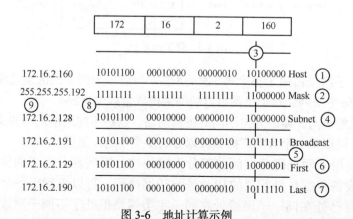

图 3-6 地址计算示例

计算步骤如下：

① 将IP地址转换为二进制数表示；

② 将子网掩码转换成二进制数表示；

③ 在子网掩码的1与0之间划一条竖线，竖线左边即为网络位（包括子网位），竖线右边为主机位；

④ 将主机位全部置0，网络位保持原IP地址网络位，就是子网的网络地址；

⑤ 将主机位全部置1，网络位保持原IP地址网络位，就是子网的广播地址；

⑥ 介于子网的网络地址与广播地址之间的即为子网内可用IP地址范围；

⑦ 将前3段网络地址写全；

⑧ 转换成十进制数表示形式。

3.2.3　可变长子网掩码

把一个网络划分成多个子网，要求每一个子网使用不同的网络标识ID。每个子网的主机数不一定相同，也许相差很大，如果每个子网都采用固定长度子网掩码，而每个子网上分配的地址数相同，这就造成地址的大量浪费。这时我们可以采用变长子网掩码（Variable Length Subnet Mask，VLSM）技术。

📖 小提示

172.16.1.1，在传统的IP地址归类中应该把它归为B类IP地址，掩码应该是255.255.0.0或者写成172.16.1.1/16。但由于某种原因把172.16.1.1这个B类IP地址套用了255.255.255.0掩码，即172.16.1.1/24。这就是一个典型的VLSM地址形式。

变长子网掩码如图3-7所示。

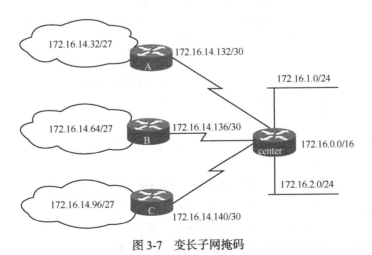

图3-7　变长子网掩码

比如我们有一个子网，它通过接口连接了两台路由器。在这个子网上仅仅有两个主机，每个端口有一个主机，但是我们已经将整个子网分配给了这两个接口。这将浪费很多IP地址。

如果我们使用其中的一个子网，并进一步将其划分为第2级子网，将有效地建立"子网的子网"，并保留其他的子网，从而可以最大限度地利用IP地址。建立"子网的子网"的想法构成了VLSM的基础。

为使用VLSM，我们通常定义一个基本的子网掩码，它将用于划分第1级子网，然后我们用第2级掩码来划分一个或多个1级子网。

这种寻址方案必能节省大量的地址，节省的这些地址可以用于其他子网。

知识总结

1. IPv4地址分类。
2. 保留的IP地址。
3. 可用主机地址计算。
4. 子网掩码。
5. IPv4地址计算。
6. 可变长子网掩码。

思考与练习

1. 若网络中的IP地址为131.55.223.75的主机子网掩码为255.255.224.0；IP地址为131.55.213.73的主机子网掩码为255.255.224.0,那么这两台主机属于同一子网吗？为什么？

2. 某主机的IP地址为172.16.2.160，掩码为255.255.255.192，请计算此主机所在子网的网络地址和广播地址。

3. IP地址为127.0.0.100是什么地址？

4. 国际上负责分配IP地址的专业组织划分了几个网段作为私有网段，可以供人们在私有网络上自由分配使用，以下不属于私有地址的网段是（　　）

    A. 10.0.0.0/8　　　　B. 172.16.0.0/12　　　　C. 192.168.0.0/16　　　　D. 224.0.0.0/8

5. 下面哪个IP地址可能出现在公网（　　）

    A. 10.62.31.5　　　　　　　　　　　　　B. 172.60.31.5

    C. 172.16.10.1　　　　　　　　　　　　　D. 192.168.100.1

6. 10.254.255.19/255.255.255.248的广播地址是（　　）

    A. 10.254.255.23　　　　　　　　　　　B. 10.254.255.255

    C. 10.254.255.16　　　　　　　　　　　D. 10.254.0.255

7. 下列说法正确的是（　　）

    A. 主机位的二进制数全为"0"的IP地址，称为网络地址,网络地址用来标识一个网段。

    B. 主机位的二进制数全为"1"的IP地址，称为网段广播地址。

    C. 主机位的二进制数全为"1"的IP地址，称为主机地址。

    D. 网络部分为127的IP地址，例如127.0.0.1往往用于环路测试目的。

8. 在一个C类地址的网段中要划分出15个子网，以下哪个子网掩码比较适合（　　）

    A. 255.255.255.240　　　　　　　　　　B. 255.255.255.248

    C. 255.255.255.0　　　　　　　　　　　D. 255.255.255.128

实践活动

查看你所在机房电脑使用的网段，利用所学知识验证机房规划是否合理

1. 实践目的
① 掌握IPv4地址的分类；
② 重点掌握IPv4可用主机地址的计算。
2. 实践要求
要求能够运用所学的IPv4相关知识对网络进行IP地址划分。
3. 实践内容
① 查看机房电脑的IP地址；
② 掌握网络中电脑的数量，根据IP地址划分规则验证规划是否合理。

任务篇

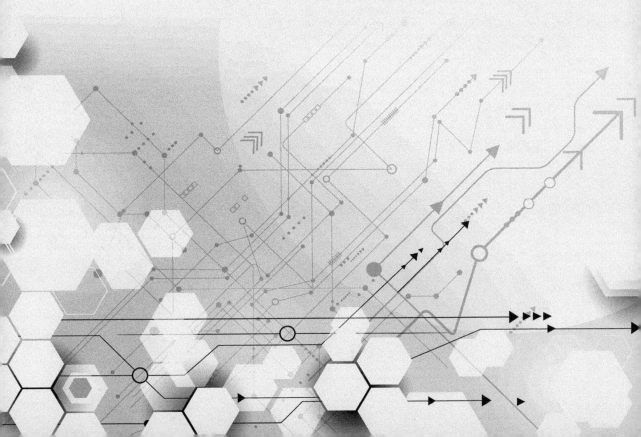

项目4 网络基础设备操作

项目引入

主管：小李啊，咱们在某机房有台交换机出现了故障，你晚上在上网用户不多的时间段把该设备换下来，安装一台新的交换机，再把基本的telnet脚本配置上去，这样我就可以远程配置其他信息了，有没有问题？

小李：当然没有问题了（其实小李心里也没底）。

小李想，我来公司这么多天了，终于让我独立处理问题了，这次我一定要好好把握机会，把工作完成得漂漂亮亮。

为了完成主管安排的任务，小李把设备的基本操作仔细地学习了一遍。本章主要介绍了路由器和交换机如何登录操作及其基础的配置命令。

学习目标

1. 识记：以太网的工作原理。
2. 领会：交换机与路由器的工作原理。
3. 熟悉：常见的传输线缆和网络接口。
4. 应用：路由器和交换机的基本操作。

4.1 任务一：交换机的管理操作

4.1.1 预备知识

1. 以太网基本概念

以太网技术起源于实验网络，建设该实验网络的目的是把几台个人计算机连接起来，实现资源共享。该实验网络的成功建立和突出表现，引起了DEC、Intel、Xerox共3家公司的注意，这3家公司借助该实验网络的经验，最终在1980年发布了第一个以太网协议标准建议书。该建议书的核心思想是：在一个10Mbit/s带宽的共享物理介质上，将最多1024

个计算机与其他数字设备连接，当然这些设备之间的距离不能太长（最长不超过2.5km），这就是我们通常所称的以太网Ⅱ或以太网DIX（DEC、Intel和Xerox首字母）。随着以太网技术的不断进步与带宽的提升，目前以太网几乎成为局域网的代名词。

大开眼界

　　以太网这个名字起源于一个科学假设：声音是通过空气传播的，那么光呢？在外太空没有空气，光也可以传播。于是，有人说，光是通过一种叫以太的物质传播的。后来，爱因斯坦证明了以太根本就不存在。

　　大家知道，声音是通过空气传播的，那么光是通过什么传播的呢？在牛顿运动定律中，物体的运动是相对的。比如，某个人在地铁车厢里原地踏步，而位于车厢外面的人却看见他以120km/h的速度前进。但光的运动并不是这样的，无论以什么物体作为参照物，它的运动速度始终都是299792458 m/s。爱因斯坦在1905年发表的论文中提到，无论观察者以何种速度运动，相对于他们而言，光的速度是恒久不变的，相对论便由此诞生了。

　　这些简单的理念有一些非凡的结论，最著名的莫过于质量和能量的等价，用爱因斯坦的方程来表达就是$E=mc^2$（E是能量，m是质量，c是光速），以及没有任何物体比光运动还快的定律。由于能量和质量等价，因此，物体的运动所产生的能量应该被加到质量上，这个效应只有当物体的运动接近光速时才有实际的意义。当一个物体接近光速时，它的质量上升得越来越快，它就需要越来越多的能量才能进一步加速。实际上它永远不可能达到光速，因为物体在接近光速时，质量会无限大，而由质量能量等价原理可知，这时需要无限大的能量才能做到。

　　由此我们可以看出，世界上根本就不存在以太这种物质，因为光速是恒定不变的，为其找个运动参照物是不现实的。鉴于此，以太网的命名是不符合实际的。但以太网并不会消失，它正随着人们追求高速度而不断地进行蜕变。以前，只要数据链路层遵从CSMA/CD协议通信，那么它就可以被称为以太网，但随着接入共享网络设备的增加，冲突会使网络的传输效率越来越低。后来，交换机的出现使全双工以太网得到了更好的实现。未来，以太网会披上光的外衣，飞得更快。

　　（1）以太网的发展历史

　　① 早期的以太网是指DEC、Intel和Xerox在1982年联合公布的一个标准，它采用CSMA/CD协议，速率为10Mbit/s。后来，这个标准成为IEEE 802.3标准的基础。

　　② 在DEC、Intel、Xerox 3家公司联合提出早期的以太网标准后，IEEE以此规范为基础，提出了自己的IEEE 802.3标准以太网标准。标准以太网的速率为10Mbit/s。

　　③ 1995年，IEEE 802.3u公布了快速以太网标准IEEE 100Base-T。快速以太网的速率为100Mbit/s。

　　④ 1000Mbit/s以太网的概念在1995年引起了人们的兴趣，1998年IEEE 802.3z公布了1000Mbit/s以太网标准，1000Mbit/s以太网的速率为1000 Mbit/s。

　　⑤ 1999年年初，IEEE 802.3 HSSG（High Speed Study Group，高速研究组）正式开始10Gbit/s以太网的工业标准，即802.3ae标准的制定工作。标准制定的目标：完善802.3协议，兼容已有的802.3接口，将以太网应用扩展到广域网，并提供更高的带宽。

以太网的发展历史如图4-1所示。

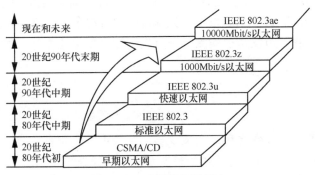

图 4-1 以太网的发展历史

（2）CSMA/CD算法

CSMA/CD（Carrier Sense Multiple Access/Collision Detection，载波监听多路访问/冲突检测）是一种在共享介质条件下多点通信的有效手段，以太网采用CSMA/CD算法。它在以太网中为所有的节点共享传输介质，并保证传输介质有序、高效地为节点提供传输服务。基于以太制式数学算法的网络都会产生一个问题：不管是10Mbit/s、100Mbit/s、1000Mbit/s，甚至10000Mbit/s以太网都会存在冲突。这是因为只要是以太网，就必须遵守CSMA/CD协议。CSMA/CD是以太网的访问介质协议，其工作机制如图4-2所示。

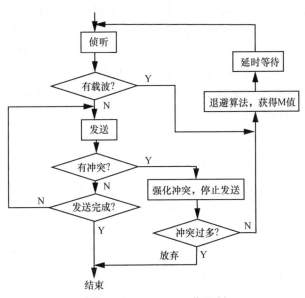

图 4-2 CSMA/CD 工作机制

① 消息发送前站点先监听信道是否空闲；

② 若信道空闲，站点则发送消息；

③ 若信道忙，站点则一直监听等待信道空闲；

④ 若在传输过程中站点检测到冲突，则发出一个短小的人为干扰信号，使得所有站点都知道发生了冲突，并且停止传输；发完人为干扰信号，等待一段时间后，再次试图传输。

总之，我们可以从以下3点理解CSMA/CD。

① CS：载波侦听。站点在发送数据之前进行监听，以确保信道空闲，减少冲突的机会。

② MA：多址访问。每个站点发送的数据可以同时被多个站点接收。

③ CD：冲突检测。边发送边检测，站点发现冲突就停止发送，然后延迟一个随机时间之后继续发送。

大开眼界

　　我们使用过集线器后会发现，在集线器上连接4台主机后，"同一时间"内所有的计算机都可以相互复制文件，并不用等待某台主机将文件传送完成后，另外的主机再传送数据，视觉上连接到一个集线器上的多台主机是同时在发送数据，所以有人会质疑上述对CSMA/CD的定义。事实上，这是因为人类的视觉器官对真相的理解永远是有限的，在"同一时刻"只有一台主机向另一台主机发送数据。

（3）以太网帧结构

以太网帧结构如图4-3所示。

| DMAC | SMAC | Length/Type | DATA/PAD | FCS |

图 4-3　以太网帧结构

　　DMAC代表目的终端的MAC地址。SMAC代表源MAC地址。而Length/Type字段则根据值的不同有不同的含义：当Length/Type>1500时，代表该数据帧的类型（比如上层协议类型）；当Length/Type<1500时，代表该数据帧的长度。ATA/PAD代表具体的数据，因为以太网数据帧的最小长度必须不小于64字节（根据半双工模式下最大距离计算获得），所以如果数据长度加上帧头不足64字节，需要在数据部分增加填充内容。FCS代表帧校验字段，判断该数据帧是否出错。

大开眼界

　　MAC地址是计算机网络中的硬件地址，用来定义网络设备的位置。它属于OSI参考模型的数据链路层，被烧录到网卡的ROM中，换而言之，在默认情况下MAC地址是不可改写的，因此一个网卡会有一个全球唯一的MAC地址。

　　事实上，48位的MAC地址由两部分组成，分别是机构唯一性标识和扩展标识。其中MAC地址从左至右的前24位为唯一性标识，通常表示某个生产商，所以也叫作公司标识符，而后24位是由取得唯一性标识符的厂商在生产网卡时自行编码的，也就是扩展标识，厂商只要保证在执行编码时不要重复就可以了。注意：唯一性标识符由网卡生产商向IEEE相关组织购买。

2. 交换机的基本原理

交换机是数据链路层的设备，它能够读取数据包中的MAC地址信息并根据MAC地址来交换数据。它隔离了冲突域，所以交换机每个端口都是单独的冲突域。

📖 **小提示**

冲突域：共享同一物理链路的所有节点产生冲突的范围叫作冲突域。
广播域：由收到同一个广播消息的节点组成的范围叫作广播域。

交换机内部有一个地址表，这个地址表表明了MAC地址和交换机端口的对应关系。当交换机从某个端口收到数据包时，首先读取包头中的源MAC地址，这样它就知道具有源MAC地址的机器连在哪个端口上，然后，它再去读取包头中的目的MAC地址，并在地址表中查找相应的端口，如果表中有与该目的MAC地址对应的端口，则把数据包直接复制到该端口上，如果在表中找不到相应的端口则把数据包广播到所有端口上，当目的机器对源机器回应时，交换机又可以学习目的MAC地址与哪个端口相对应，在下次传送数据时就不再需要对所有端口进行广播了。MAC地址学习过程一如图4-4所示。

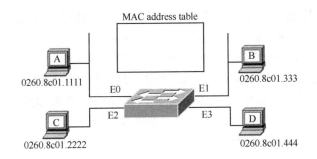

图4-4 MAC地址学习过程一

交换机就是这样建立和维护地址表的。由于交换机一般具有很宽的交换总线带宽，所以可以同时为很多端口进行数据交换。如果交换机有N个端口，每个端口的带宽是M，而它的交换机总线带宽超过$N \times M$，那么该交换机就可以实现线速交换。交换机对广播包是不做限制的，把广播包复制到所有端口上。

交换机一般都含有专门用于处理数据包转发的ASIC芯片，因此转发速度非常快。

透明网桥有以下3个主要功能：

① 地址学习功能；

② 转发和过滤功能；

③ 环路避免功能。

通常透明网桥的3个主要功能在网络中是同时起作用的。而以太网交换机执行与透明桥相同的3个主要功能。

（1）地址学习功能

网桥基于目标MAC地址做出转发决定，所以它必须"获取"MAC地址的位置，这样才能准确地做出转发决定。当网桥与物理网段连接时，它会检查监测到的所有帧。网桥读取帧的源MAC地址字段后与接收端口关联并将其记录到MAC地址表中。由于MAC地址表是保存在交换机内存中的，所以当交换机启动时MAC地址表是空的。此时工作站A给工作站C发送了一个单播数据帧,交换机通过E0端口收到了这个数据帧,读取出帧的源MAC地址后将工作站A的MAC地址与端口E0关联,并将其记录到MAC地址表中。MAC地址学习过程二如图4-5所示。

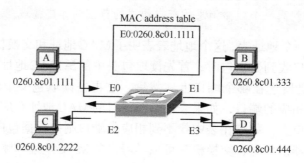

图4-5 MAC地址学习过程二

由于此时这个帧的目的MAC地址对交换机来说是未知的,为了让这个帧能够到达目的地,交换机执行泛洪的操作,在目的MAC地址未知的情况下,交换机将泛洪数据帧,即从除了进入端口外的所有其他端口转发。

工作站D发送一个帧给工作站C时,交换机执行相同的操作,通过这个过程,交换机学习到了工作站D的MAC地址并与端口E3关联,最后将其记录到MAC地址表中。

由于此时这个帧的目的MAC地址对交换机来说仍然是未知的,为了让这个帧能够到达目的地,交换机仍然执行泛洪的操作,即从除了进入端口外的所有其他端口转发。MAC地址学习过程三如图4-6所示。

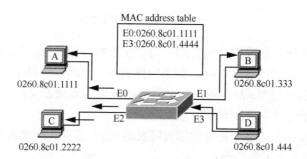

图4-6 MAC地址学习过程三

（2）转发和过滤功能

交换机转发流程如图4-7所示。

① 交换机首先判断此数据帧的目的MAC地址是否为广播或组播地址,如果是,即进行泛洪操作。

② 如果目的MAC地址不是广播或组播地址,而是去往某设备的单播地址,交换机在MAC地址表中查找此地址,如果此地址是未知的,也将按照泛洪的方式进行转发。

③ 如果目的地址是单播地址并且已经在交换机的MAC地址表中存在,交换机将把数据帧转发至与此目的MAC地址关联的端口。

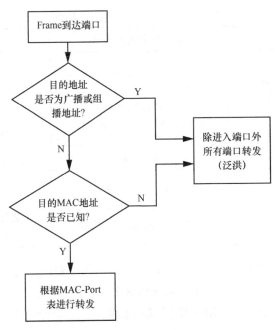

图 4-7　交换机转发流程

　　所有的工作站都发送过数据帧后，交换机学习了所有工作站的 MAC 地址与端口的对应关系并将其记录到 MAC 地址表中。

　　图 4-8 中的工作站 A 给工作站 C 发送一个单播数据帧，交换机检查到此帧的目的 MAC 地址已经存在于 MAC 地址表中，并和 E2 端口相关联，交换机将此帧直接转发到 E2 端口，即做转发决定，但并不将此数据帧转发到其他端口，即做所谓的过滤操作。

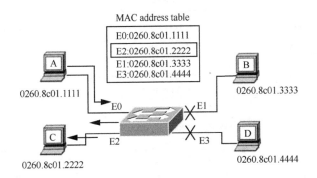

图 4-8　数据帧过滤转发

　　（3）环路避免功能
　　交换机本身不具备环路避免功能，若要实现此功能则需要结合生成树协议（STP），具体内容在后续章节有详细介绍。
　　3. 中兴 ZXR10 全系列交换机介绍
　　中兴通信为运营商、企业、家庭提供数据网络解决方案。中兴 ZXR10 以太网交换机产品系列全、覆盖面广，具有 60 多个产品，具体见表 4-1。

表4-1　中兴ZXR10全系列交换机

MPLS路由交换机	三层全千兆交换机	三层交换机
ZXR10 T240G/T160G ZXR10 T64G/T40G ZXR10 T16C	ZXR10 5952 ZXR10 5928/5928-FI/5924 ZXR10 5252 ZXR10 5224/5228/5228-FI	ZXR10 3906/3952 ZXR10 3928 ZXR10 3206/3252 ZXR10 3228 ZXR10 3226/3226-FI
二层全千兆交换机	二层交换机	二层SOHO交换机
ZXR10 5126/5126-FI ZXR10 5124/5124-FI ZZR10 5009	ZXR10 2826/2852S ZXR10 2818S ZZR10 2626A/2618A/2609	ZXR10 1508 ZXR10 1516/1524 ZXR10 1008/1016/1024 ZXR10 1026/1048/1050

　　MPLS路由交换机主要被应用于IP城域网核心层和汇聚层，具有模块化设计、24小时不间断设计、高性能交换体系结构、QOS、MPLS多项先进技术、IPv6网络无缝升级等特点。

　　三层全千兆交换机主要被应用于IP城域网汇聚层，具有全光口接入、全线速二层转发、支持超级扩展堆叠等特点。

　　三层交换机主要被应用于IP城域接入网、大型企业集团、高档小区、宾馆、大学校园网的网络接入汇聚，具有端口容量大、全线速二层转发等特点。

　　二层交换机主要被用于小区级网络汇聚、中小型企业网络汇聚。

　　图4-9为中兴交换机在现网中的应用案例。

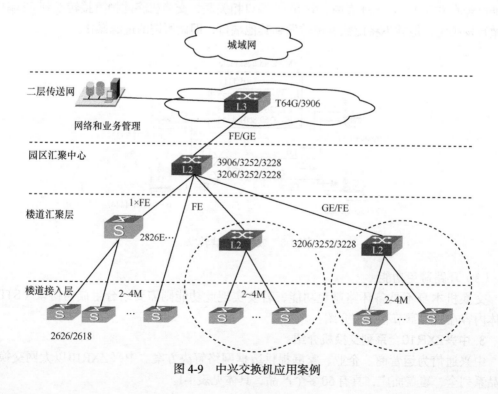

图4-9　中兴交换机应用案例

中兴交换机命名规则见表4-2。

表4-2 设备命名规则

系列	描述	备注
26	接入交换机	二层FE交换机，FE上行
28	接入交换机	二层FE交换机，GE上行
32	三层汇聚/接入交换机	三层FE交换机，GE上行
39	三层汇聚/接入交换机	三层FE交换机，GE上行
50	二层汇聚交换机	二层GE交换机，全部GE接口，GE上行
51	二层汇聚交换机	二层GE交换机，全部GE接口，GE上行
52	三层汇聚交换机	三层GE交换机，全部GE接口，10GE上行
59	三层汇聚交换机	三层GE交换机，全部GE接口，10GE上行
G	万兆MPLS路由交换机	三层MPLS交换机，支持10GE接口

命名后缀含义见表4-3。

表4-3 后缀命名规则

后缀	描述	备注
A	增强型	
F	Fiber 全光口型号	
P	RemotePowerSupply 远供型	供电
R	RemotePowerReceiver 远供型	受电
S	Stackable 支持堆叠型	
-LE	精简型	

接口命名规则如下。

① 物理接口命名方式：<接口类型>_<槽位号>/<端口号>.<子接口或通道号>

<接口类型>，具体见表4-4。

表4-4 物理接口命名方式接口类型

<接口类型>	对应物理接口
Fei	快速以太网接口
Gei	千兆以太网接口
pos3	155Mbit/s POS接口
Serial	同/异步接口
Hserial	高速同/异步接口
fxs、fxo、e1vi、e1ve	语音接口
ce1	E1接口
ct1	T1接口

• <槽位号>：由线路接口模块安装的物理插槽决定，取值范围为 1 ～ 8。

• <端口号>：是指分配给线路接口模块连接器的号码。取值范围和端口号的分配因线路接口模块型号的不同而不同。

• <子接口或通道号>：子接口号或通道化E1接口的通道号。

② 逻辑接口命名方式：<接口类型><子接口>。

<接口类型>见表4-5。

表4-5   逻辑接口命名方式接口类型

<接口类型>	对应逻辑接口
Loopback	环回接口
fei_0	主控板管理以太口
Multilink	多链接口

<子接口号>：子接口号。

接口命名举例如下：

gei_1/1表示1号槽位千兆以太网接口板上的第1个端口；

pos3_4/1表示4号槽位155Mbit/s POS接口板上的第1个端口；

fei_2/8表示2号槽位快速以太网接口板上的第8个端口；

ce1_1/1.2表示1号槽位E1接口板第1个接口的第2个通道；

fei_0/1表示前面板上的10/100Mbit/s以太网接口；

Loopback2表示接口类型为Loopback的编号为2的接口。

4. 局域网常见的线缆及接口

局域网是在小范围内通过线缆将网络设备互联起来的网络。用于局域网设备互联的线缆有以下几种。

（1）铜轴电缆

铜轴电缆是由一根空心的外圆柱导体及其所包围的单根内导线组成，如图4-10所示。柱体同导线用绝缘材料隔开，其频率特性比双绞线好，能进行较高速率的数据传输。由于它的屏蔽性能好，抗干扰能力强，通常多用于基带传输。

图 4-10   铜轴电缆

同轴电缆分成粗铜轴电缆（AUI）和细铜轴电缆（BNC）。粗铜轴电缆与细铜轴电缆的区别是铜轴电缆的直径大小。粗缆适用于比较大型的局域网络，传输距离长、可靠性高。但是细缆的使用和安装比较方便，成本也比较低。

无论是粗缆还是细缆均为总线拓扑结构，即一根电缆上连接多台计算机，这种拓扑适用于计算机密集的环境。但是当某一连接点发生故障时，故障会被串联进而影响整根电缆上的所有计算机，故障的诊断和修复都很麻烦。所以，铜轴电缆已逐步被非屏蔽双绞线或光缆取代。

（2）双绞线

双绞线是由两条相互绝缘的导线按照一定的规格互相缠绕（一般以逆时针缠绕）而制成的一种通用配线，如图4-11和图4-12所示。双绞线采用了一对互相绝缘的金属导线互相绞合来抵御一部分外界电磁波的干扰，更主要的是它能降低自身信号的对外干扰。把两根绝缘的铜导线按一定密度互相绞合在一起，可以降低信号干扰的程度，每一根导线在传输中辐射的电波会被另一根导线上发出的电波抵消。"双绞线"的名字也是由此而来。

图 4-11　双绞线一　　　　　　　　　图 4-12　双绞线二

目前，按照线径粗细进行分类，EIA/TIA 为双绞线电缆定义了5种不同质量的型号。这5种型号分别如下。

第一类：主要用于传输语音（一类标准主要用于20世纪80年代初之前的电话线缆），该类用于电话线，不用于数据传输。

第二类：该类包括用于低速网络的电缆，这些电缆能够支持最高4Mbit/s的实施方案，以上两类双绞线在LAN中很少使用。

第三类：这种在以前的以太网中（10Mbit/s）比较流行，最高支持16Mbit/s的容量，但大多数通常用于10Mbit/s的以太网，主要用于10base-T。

第四类：该类双绞线在性能上比第三类有一定改进，用于语音传输和最高传输速率16Mbit/s的数据传输。第四类电缆用于比第三类电缆距离更长且速度更高的网络环境。它可以支持最高20Mbit/s的容量。该类双绞线主要用于基于令牌的局域网和10base-T/100base-T，可以是UTP，也可以是STP。

第五类：该类电缆增加了绕线密度，外套一种高质量的绝缘材料，传输频率为100MHz，用于语音传输和最高传输速率为100Mbit/s的数据传输，这种电缆用于高性能的数据通信。它可以支持高达100Mbit/s的容量，主要用于100base-T和10base-T网络，这是最常用的以太网电缆。

超五类线缆：它是一个非屏蔽双绞线（UTP）布线系统，通过对它的"链接"和"信道"性能的测试表明，它超过5类线标准TIA/EIA568的要求。与普通的5类UTP比较，性能得到了很大的提高。

双绞线的制作方法有两种：直连和交叉。直连双绞线两端都按照T568B标准线序制作。

交叉双绞线一端按照T568B标准制作，另一端按照568A标准制作。

双绞线标准制作方法见表4-6。

交叉线具体的线序制作方法是：一端采用1号线白绿、2号线绿、3号线白橙、4号线蓝、5号线白蓝、6号线橙、7号线白棕、8号线棕，即568A标准。另一端在这个基础上将这8根线中的1号和3号线、2号和6号线互换一下位置，这时网线的线序就变成了568B（即白橙、橙、白绿、蓝、白蓝、绿、白棕、棕的顺序），这样交叉线就做好了。

直通线具体的线序制作方法如下，双绞线夹线顺序是两边一致，统一都是：1号线白橙、2号线橙、3号线白绿、4号线蓝、5号线白蓝、6号线绿、7号线白棕、8号线棕。注意两端都是同样的线序且一一对应。

表4-6　双绞线的制作方法

交叉线	
RJ-45 PIN	RJ-45 PIN
1 Rx+	3 Tx+
2 Rc–	6 Tx–
3 Tx+	1 Rc+
6 Tx–	2 Rc–
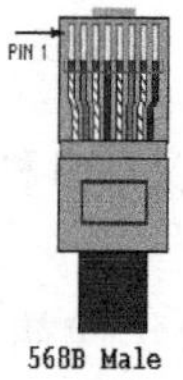 PIN 1 568B Male	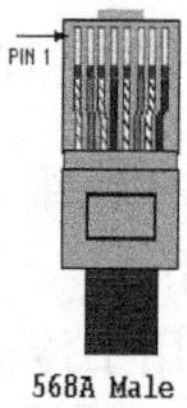 PIN 1 568A Male
直通线	
RJ-45 PIN	RJ-45 PIN
1 Tx+	1 Rc+
2 Tx–	2 Rc–
3 Rc+	3 Tx+
6 Rc–	6 Tx–

大开眼界

早期，由于网络设备的端口不支持自适应技术，所以一般对等设备之间的交叉线互联，非对等设备之间用直连线互联。现在由于端口支持自适应技术，端口可以根据所用线缆是交叉线还是直连线来调整工作模式。

（3）光纤

光纤是光导纤维的简写，是一种利用光在玻璃或塑料制成的纤维中的全反射原理而达成的光传导工具，如图4-13所示。光纤分为多模光纤和单模光纤两种。

图 4-13　光纤

单模光纤和多模光纤可以从纤芯的尺寸来区别。单模光纤的纤芯很小,约4~10μm。

单模光纤只允许一束光线穿过光纤。因为它只有一种模态,所以不会发生色散。单模光纤传递数据的质量更高,频带更宽,传输距离更长。单模光纤通常被用来连接办公楼之间或地理分散更广的网络,适用于大容量、长距离的光纤通信。它是未来光纤通信与光波技术发展的必然趋势。

多模光纤允许多束光线穿过光纤。因为不同光线进入光纤的角度不同,所以到达光纤末端的时间也不同,这就是我们通常所说的模色散。色散从一定程度上限制了多模光纤所能实现的带宽和传输距离。正是基于这种原因,多模光纤一般被用于同一办公楼或距离相对较近的区域内的网络连接。

📖 大开眼界

通常光纤与光缆两个名词会被混淆。多数光纤在使用前必须由几层保护结构包覆,包覆后的缆线即被称为光缆。光纤外层的保护结构可防止周围环境对光纤的伤害,如水、火和电击等。光缆分为光纤、缓冲层及披覆。光纤和铜轴电缆相似,只是没有网状屏蔽层,中心是光传播的玻璃芯。

与线缆相对应,局域网接口包括以下几种。

1. 铜轴电缆接口

与同轴线缆相对应,以太网细铜轴电缆使用一个T型的"BNC"接头插入电缆中,如图4-14所示。

（a）BNC连接头　　　　　　　（b）BNC T型头

图 4-14　铜轴电缆接口

2. 双绞线接口

和双绞线相对应。RJ-45现行的接线标准有T568A和T568B两种,平常用得较多的是T568B标准。这两种标准本质上并无区别,只是线的排列顺序不同,如图4-15所示。

图 4-15　RJ-45 水晶头

3. 光纤接口及光模块

光纤接口类型比较丰富。常用的光纤接口类型有以下几种。

ST接口：ST连接器被广泛应用于数据网络，是最常见的光纤连接器。该连接器使用了尖刀形接口。光纤连接器在物理构造上的特点是可以保证两条连接的光纤更准确地对齐，而且可以防止光纤在配合时旋转。

SC接口：与上面介绍的用螺旋环配合的连接器不同，SC连接器采用推—拉型连接配合方式。当连接空间很小，光纤数目又很多时，SC连接器的设计允许快速、方便地连接光纤。

LC接口：类似于SC型连接器，LC型连接器是一种插入式光纤连接器，可以用于连接SFP模块。它采用操作方便的模块化插孔（RJ）闩锁机理制成。LC型连接器与SC型连接器一样都是全双工连接器。

MT-RJ接口：MT-RJ型是一种新型号连接器，其外壳和锁定机制类似RJ风格，而体积大小类似于LC型，标准大小的MT-RJ型接口可以同时连接两条光纤，有效密度增加了一倍。MT-RJ小型光纤连接器采用双工设计，体积只有传统SC或ST连接器的一半，因而可以安装到普通的信息面板上，使光纤到桌面轻易成为现实。光纤连接器采用插拔式设计，易于使用，甚至比RJ-45插头都小。

光纤无法直接插在设备端口上，必须连接一个光模块。光模块的作用就是光电转换，发送端把电信号转换成光信号，通过光纤传送后，接收端再把光信号转换成电信号。

GBIC光模块：该模块为可插拔千兆以太网接口模块，主要用于两端口千兆以太网接口板上，如图4-16所示。

SFP光模块：该模块可插拔，主要用于1端口单通道POS48接口板、4端口POS3接口板、1端口ATM 155M接口板上，如图4-17所示。

图 4-16　GBIC 光模块

图 4-17　SFP 光模块

4.1.2　交换机基本操作

1. 任务描述

如图4-18所示，将PC通过接口线与ZXR10 3928交换机相连，登录ZXR10 3928交换机进行以下操作：

① 登录并配置ZXR10 3928交换机；

② 查看交换机的版本信息、基本配置、系统资源等信息；

③ 设置和恢复ZXR10 3928交换机密码；

④ 配置Telnet；

⑤ 进行版本升级。

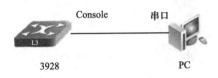

图4-18　交换机的基本操作

2. 任务分析

我们要实现对交换机的基本操作，首先需要登录设备，然后进行命令查看、密码的更改和恢复、Telnet配置及版本升级等操作。

3. 任务实施

步骤1　登录设备

ZXR10交换机可以通过多种方式进行配置，具体包括以下几点。

（1）带外方式

Console口：直接和PC的接口相连，并进行管理和配置（密码恢复必须在这种方式下进行）。

（2）带内方式

① Telnet远程登录：通过网络，Telnet远程登录到路由器，进行配置。

② 修改配置文件：将路由器的配置文件，通过TFTP的方式，下载到终端上，进行编辑和修改，之后在Upload到路由器上。

③ 网管软件：通过网管软件对路由器进行管理和配置。

Console口登录方法：ZXR10 3928的调试配置一般是通过Console口连接的方式进行，Console口连接配置采用超级终端方式，下面以Windows操作系统提供的超级终端工具配置为例进行说明。

① 将PC机与ZXR10 3928进行正确连线之后，点击系统的[开始→程序→附件→通信→超级终端]（或者在开始运行中输入Hypertrm），即可进入超级终端界面，如图4-19所示。

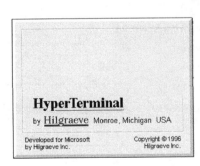

图4-19　超级终端

② 在出现图4-20时，按要求输入有关的位置信息：国家/地区代码、地区电话号码编号和用来拨外线的电话号码（一般只需输入城市号码即可）。

图 4-20　设置超级终端参数

③ 弹出[连接描述]对话框时，为新建的连接输入名称并为该连接选择图标，如图4-21所示。

图 4-21　设置超级终端名称

④ 根据配置线所连接的串行口，选择连接串行口为COM1（可通过设备管理器查看实际使用的接口），如图4-22所示。

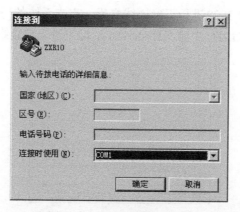

图 4-22　超级终端端口设置

⑤ 设置所选串行口的端口属性。

端口属性的设置主要包括以下内容：波特率"9600"，数据位"8"，奇偶校验"无"，停止位"1"，数据流控制"无"，如图4-23所示。

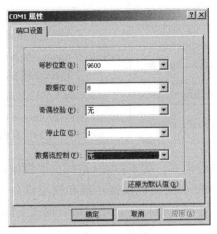

图 4-23 连接参数

检查前面设定的各项参数正确无误后，ZXR10 3928就可以加电启动了。我们进行系统的初始化，进入配置模式进行操作，可以看到如下界面。

```
Welcome !
ZTE Corporation.
All rights reserved.
ZXR10>
```

此时已经进入交换机用户模式。在提示符">"后面输入enable，并输入密码（初始密码为"zxr10"），则进入特权配置模式（提示符"ZXR10#"），此时可对交换机进行各种配置。

Telnet登录方法：在使用Telnet远程访问时，必须先通过接口配置好IP地址、子网掩码等参数；为了防止非法用户使用Telnet访问路由器，还必须在路由器上设置Telnet访问的用户名和密码，用户只有使用正确的用户名和密码才能登录到路由器中。

在全局配置模式下可以配置用户名和密码，格式是输入命令username <username> password <password>。

步骤2　配置交换机

ZXR10交换机的命令模式见表4-7。

表4-7　系统模式

模式	提示符	进入命令	功能
用户模式	ZXR10>	登录系统后直接进入	查看简单信息
特权模式	ZXR10#	enable（用户模式）	配置系统参数
全局配置模式	ZXR10(config)#	configure terminal（特权模式）	配置全局业务参数
端口配置模式	ZXR10(config-if)#	interface {<interface-name>|byname<by-name>}（全局配置模式）	配置端口参数

（续表）

模式	提示符	进入命令	功能
VLAN数据库配置模式	ZXR10(vlan-db)#	vlan database（特权模式）	批量创建或删除VLAN
VLAN配置模式	ZXR10(config-vlan)#	vlan {<vlan-id>|<vlan-name>}（全局配置模式）	配置VLAN参数
VLAN接口配置模式	ZXR10(config-if)#	interface {vlan<vlan-id>|<vlan-if>}（全局配置模式）	配置VLAN接口IP参数
路由RIP配置模式	ZXR10(config-router)#	router rip（全局配置模式）	配置RIP参数
路由OSPF配置模式	ZXR10(config-router)#	router ospf <process-id> [vrf<vrf-name>]（全局配置模式）	配置OSPF协议参数

ZXR10交换机有众多命令模式，表4-7中只是列出了常用的系统模式。为方便用户对交换机进行配置和管理，ZXR10交换机根据功能和权限将命令分配到不同的模式下，一条命令只有在特定的模式下才能被执行。在任何命令模式下输入问号（？）都可以查看该模式下允许使用的命令。

退出各种命令模式的方法如下。

① 特权模式下，使用disable命令返回用户模式。

② 用户模式和特权模式下，使用exit命令退出交换机；在其他命令模式下，使用exit命令返回上一模式。

③ 用户模式和特权模式以外的其他命令模式下，使用end命令或按<Ctrl+z>返回到特权模式。

ZXR10交换机命令行支持帮助信息。在任意命令模式下，我们只要在系统提示符后面输入一个问号（？），交换机就会显示该命令模式下可用命令的列表。利用在线帮助功能，我们还可以得到任何命令的关键字和参数列表。举例如下。

```
ZXR10>?
Exec commands:
enable  Turn on privileged commands
exit    Exit from the EXEC
login   Login as a particular user
logout  Exit from the EXEC
ping    Send echo messages
quit    Quit from the EXEC
show    Show running system information
telnet  Open a telnet connection
trace   Trace route to destination
who     List users who is logining on
```

在字符或字符串后面输入问号，可显示以该字符或字符串开头的命令或关键字列表。注意在字符（字符串）与问号之间没有空格。举例如下。

```
ZXR10#co?
configure copy
ZXR10#co
```

在字符串后面按下<Tab>键,如果以该字符串开头的命令或关键字是唯一的,则将其补齐,并在后面加上一个空格。注意在字符串与<Tab>键之间没有空格。举例如下。

```
ZXR10#con<Tab>
ZXR10#configure      (configure 和光标之间有一个空格)
```

在命令、关键字、参数后输入问号(?),可以列出下一个要输入的关键字或参数,并给出简要解释。注意问号之前需要输入空格。举例如下。

```
ZXR10#configure ?
terminal  Enter configuration mode
ZXR10#configure
```

如果输入不正确的命令、关键字或参数,回车后用户界面会用"^"符号提示错误。"^"号出现在所输入的不正确的命令、关键字或参数的第一个字符的下方。举例如下。

```
ZXR10#con ter
     ^
% Invalid input detected at '^' marker.
ZXR10#
```

ZXR10系列交换机允许把命令和关键字缩写成能够唯一标识该命令或关键字的字符或字符串,例如,我们可以把show命令缩写成sh或sho。

步骤3　Enable密码恢复

1. 启动交换机

交换机显示Press any key to stop auto-boot...时按任意键中断路由器的引导过程。

```
    ZXR10 System Boot Version: 2.2
Creation date: Aug  3 2005, 16:20:45
Copyright (c) 2002-2005 by ZTE Corporation
Press any key to stop for change parameters...
2
[ZXR10 Boot]:
```

2. 按c进入配置

```
[ZXR10 Boot]: c
    '.' = clear field;  '-' = go to previous field;  ^D = quit
Boot Location [0:Net,1:Flash] :
Client IP [0:bootp]: 192.168.0.1
Netmask: 255.255.255.0
Server IP [0:bootp]: 192.168.0.2
Gateway IP:
FTP User: target
FTP Password:
FTP Password Confirm:
Boot Path:zxr10.zar
Enable Password:                /* 此处输入新密码 */
Enable Password Confirm:      /* 再输入一次 */3.
[GAR Boot]: @        /* 输入 @ 重起设备 */
```

步骤4　交换机版本升级

交换机运行状况信息以及配置信息都保存在交换机的存储器里。通常我们接触的主要存储设备是Flash，ZXR10交换机的软件版本文件和配置文件都存储在Flash中。软件版本升级、配置保存都需要对Flash进行操作。

Flash中缺省包含三个目录，分别是IMG、CFG、DATA。

① IMG：该目录用于存放软件版本文件。软件版本文件以 .zar为扩展名，是专用的压缩文件。版本升级就是更改该目录下的软件版本文件。

② CFG：该目录用于存放配置文件，配置文件的名称为startrun.dat。当我们使用命令修改路由器的配置时，这些信息被存放在内存中，为防止配置信息在路由器关电重启时丢失，我们需要用write命令将内存中的信息写入Flash，并保存在startrun.dat文件中。当需要清除路由器中的原有配置，重新配置数据时，我们可以使用delete命令将startrun.dat文件删除，然后重新启动路由器机。

③ DATA：该目录用于存放记录告警信息的log.dat文件。

交换机的原有版本不支持某些功能或者因某些特殊原因导致设备无法正常运行时，我们就需要进行软件版本升级。如果版本升级操作不当，可能会导致升级失败，系统无法启动。因此，在进行软件版本升级之前，维护人员必须熟悉ZXR10交换机的原理及操作，认真学习升级步骤。

下面描述ZXR10交换机无法正常启动时软件版本升级的具体步骤。

① 用随机附带的配置线将ZXR10交换机、路由器的配置口（主控板的Console口）与后台主机接口相连，用直通以太网线将路由器的管理以太口（主控板的10/100Mbit/s以太网口）与后台主机网口相连，确保连接正确。

② 将升级的后台主机与路由器的管理以太口的IP地址设置在同一网段。

③ 启动后台FTP服务器。

④ 启动ZXR10交换机，在超级终端下根据提示按任意键进入Boot状态。具体显示以下内容。

我们在Boot状态下输入"c"，回车后进入参数修改状态，将启动方式改为从后台FTP启动，将FTP服务器地址改为相应的后台主机地址，将客户端地址及网关地址均改为路由器管理以太口地址，设置相应子网掩码及FTP用户名和密码。参数修改完毕后，交换机出现[ZXR10 Boot]:提示。

```
[ZXR10 Boot]:c
 '.' = clear field;    '-' = go to previous field;   ^D = quit
Boot Location [0:Net,1:Flash] : 0           (0 表示从后台 FTP 启动，1 表示从 Flash 启动 )
Client IP [0:bootp]: 168.4.168.168          （对应为管理以太口地址 )
Netmask: 255.255.0.0
Server IP [0:bootp]: 168.4.168.89           （对应为后台 FTP 服务器地址 )
Gateway IP: 168.4.168.168                       （对应为管理以太口地址 )
FTP User: target                                    （对应为 FTP 用户名 target)
FTP Password:                                       （对应为 target 用户密码 )
FTP Password Confirm:
Boot Path: zxr10.zar                            （使用缺省 )
Enable Password:                                （使用缺省 )
Enable Password Confirm:          （使用缺省 )
[ZXR10 Boot]:
```

⑤ 输入 "@" 回车后，系统自动从后台FTP服务器启动版本。

```
[ZXR10 Boot]:@
Loading... get file zxr10.zar[15922273] successfully!
file size 15922273.
（省略）
    **************************************************
    Welcome to ZXR10 General Access Router of ZTE Corporation
    **************************************************
ZXR10>
```

⑥ 如果新版本交换机启动正常，我们用show version命令查看新的版本是否已在内存中运行，若运行的仍为旧版本，则说明从后台服务器启动失败，需从步骤①开始重新进行操作。

⑦ 用delete命令将Flash中的IMG目录下旧的版本文件zxr10.zar删除。如果Flash的空间足够，也可以不用删除旧版本，将其改名即可。

⑧ 将后台FTP服务器中的新版本文件拷入Flash的IMG目录中。版本文件名为zxr10.zar。

```
ZXR10#copyftp: mng //168.4.168.89/zxr10.zar@target:target flash: /img/zxr10.zar
Starting copying file
.................................................
.................................................
.............................
file copying successful.
ZXR10#
```

⑨ 查看Flash中是否有新的版本文件。如果不存在，说明拷贝失败，我们需执行步骤⑧重新拷贝版本文件。

⑩ 重新启动ZXR10交换机，按照步骤④中的办法，将启动方式改为从Flash启动，这时 "Boot path" 自动变为 "/flash/img/zxr10.zar"。

⑪ 在[ZXR10 Boot]:下输入 "@" 回车后，系统将从Flash中启动新版本。

⑫ 正常启动后，查看运行的交换机版本，确认升级是否成功。

大开眼界

如果从主控板的管理以太口拷贝交换机的版本文件，copy命令中 "FTP"：后面必须加上关键字mng。

启动方式也可以在全局配置模式下用nvram imgfile-location local命令将其改为从Flash启动。

4.1.3　任务拓展

如图4-24所示，我们通过Console口实现Telnet配置，并通过Telnet远程登录交换机，对交换机进行密码恢复和版本升级操作。

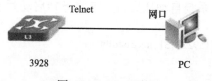

图 4-24　Telnet 配置

▶▶4.2　任务二：路由器的基本操作

4.2.1　预备知识

1. 路由器的基本原理

路由器工作在网络层，它的核心作用是实现网络互连和数据转发。它具备以下功能。

① 路由（寻径）包括路由表建立与刷新。

② 交换：路由器在网络之间转发分组数据，涉及内容有从接口收到数据帧，解封装，对数据包做相应处理，根据目的网络查找路由表，决定转发接口，做新的数据链路层封装等过程。

③ 隔离广播，指定访问规则，路由器阻止通过广播。我们可以设置访问控制列表（ACL）控制流量。

④ 异种网络互连，支持不同的数据链路层协议，连接异种网络。

2. 路由器的寻址和数据转发

路由器内部有一张路由表，这张表标明了路径，如图4-25所示。路由器从某个端口收到一个数据包，首先把链路层的包头去掉（拆包），读取目的IP地址，然后查找路由表，若路由器能确定数据包的下一步发送地址，则再加上链路层的包头（打包），把该数据包转发出去；如果不能确定下一步的发送地址，则向源地址返回一个信息，并把这个数据包丢掉。

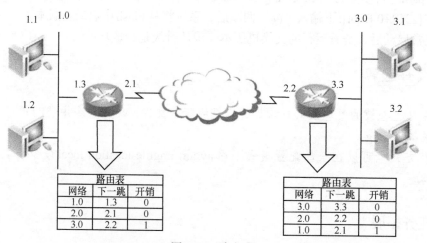

图 4-25　路由表

ZXR10路由器包括以下系列：

① ZXR10 T1200/T600 电信级万兆核心路由器系列；

②ZXR10 T128/T64E电信级高端路由器系列；

③ZXR10 GER通用高性能路由器系列；

④ZXR10 GAR通用接入路由器系列；

⑤ZXR10 ZSR3800智能集成多业务路由器系列；

⑥ZXR10 ZSR2800智能集成多业务路由器系列；

⑦ZXR10 ZSRZXR10 1800智能集成多业务路由器系列；

⑧ZXR10 800智能宽带SOHO路由器系列。

中兴路由器在现网中的应用案例如图4-26所示。

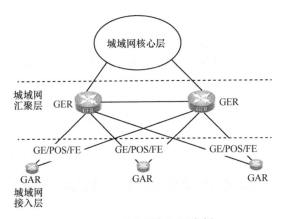

图4-26　中兴设备组网案例

广域网接口包括窄带接口和宽带接口。窄带广域网常见接口包括以下几种。

①E1：64kbit/s～2Mbit/s，采用RJ45和BNC两种接口。

②V.24：常见的路由器的侧接头为DB50接头，外接网络端的接头为25针接头。常接低速modem。

异步工作方式下，链路层封装PPP，最高传输速率是115200bit/s。

同步方式下，链路层可以封装X.25、帧中继、PPP、HDLC、SLIP和LAPB等协议，支持IP和IPX，而最高传输速率仅为64kbit/s。

传输距离与传输速率有关，2400bit/s为60m，4800bit/s为60m，9600bit/s为30m，19200bit/s为30m，38400bit/s为20m，64000bit/s为20m，115200bit/s为10m。

③V.35：常见的路由器端为DB50接头，外接网络端为34针接头，常接高速modem，如图4-27所示。

图4-27　V.35接口

V.35电缆一般只用在同步方式下传输数据，可以在接口封装X.25、帧中继、PPP、

SLIP、LAPB等链路层协议，支持网络层协议IP地址和IPX。

V.35电缆传输（同步方式下）的公认最高速率是2Mbit/s。

传输距离与传输速率有关，2400bit/s为1250m，4800bit/s为625m，9600bit/s为312m，19200bit/s为156m，38400bit/s为78m，56000bit/s为60m，64000bit/s为50m，2048000bit/s为30m。

宽带广域网常见接口包括以下几种。

ATM：使用LC或SC等光纤接口，常见带宽有155Mbit/s、622Mbit/s等。

POS：使用LC或SC等光纤接口，常见带宽有155Mbit/s、622Mbit/s、2.5Gbit/s等。

小提示

由于局域网技术的发展，局域网和广域网技术的区别越来越小。现在广域网也使用不少局域网中的接口和线缆。

4.2.2 典型任务

1. 任务描述

图4-28中将PC通过串口线与ZXR10 1800路由器相连，登录ZXR10 1800路由器进行配置。

配置要求：

① 登录配置ZXR10 1800路由器；

② 查看路由器基本信息；

③ 设置和恢复ZXR10 1800路由器密码；

④ 配置Telnet；

⑤ 版本升级。

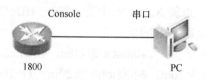

图 4-28　路由器基本配置

2. 任务分析

我们要实现对路由器的基本操作，首先需要登录设备，然后查看命令、更改和恢复密码、Telnet配置及版本升级等操作。

登录之后，我们对路由器进行基本的配置。路由器的配置命令和交换机一致。详细命令格式请查阅前一章节。

3. 任务实施

① 登录路由器：本任务中我们使用Console口登录，用配置线把PC的串口和路由器的Console口连接起来，然后打开PC的超级终端，参照前一章节设置好的软件参数即可登录。详细方法请查阅前一章节交换机的登录方法。

② 对路由器进行配置：修改路由器名称，设置enable密码，配置接口，查看路由器配置，对路由器进行版本升级。方法和交换机一致，本文中不再阐述。

4.2.3 任务拓展

图4-29中通过Console口实现Telnet配置，并通过Telnet远程登录路由器，对路由器进行密码恢复和版本升级操作。

图 4-29 路由器 Telnet 配置

知识总结

1. 以太网概述；
2. 局域网常见的线缆及接口；
3. 交换机的基本操作；
4. 路由器的基本操作。

思考与练习

1. 以太网的核心算法是什么？
2. MAC 地址的分配规则是什么？作用是什么？
3. 请说出直连线和交叉线的制作方法。
4. 交换机的工作机制有哪些？
5. 下列说法正确的是（　　）
   A. DMAC 代表目的 MAC 地址
   B. SMAC 代表源目的 MAC 地址
   C. 以太网数据帧的最小长度必须不小于64字节
   D. 数据在数据链路层叫帧
6. 关于交换机说法正确的是（　　）
   A. 交换机工作在数据链路层　　　　B. 交换机可以分割冲突域
   C. 交换机可以分割广播域　　　　　D. 交换机没有逻辑计算能力
7. 交换机的功能包括以下几点（　　）
   A. 地址学习　　　B. 转发和过滤　　　C. 环路避免　　　D. 寻找路由
8. 关于双绞线说法正确的是（　　）
   A. 双绞线用两条相互绝缘的导线互相缠绕，目的是为了抗干扰
   B. 双绞线的制作方法有两种：直连和交叉
   C. 交换机与交换机之间用交叉线互联

D. 计算机与路由器之间用直连线互联

实践活动

路由器通过Console口实现Telnet配置

1. 实践目的

① 掌握路由器、交换机的基本操作命令。

② 能够应用所学操作命令对交换机、路由器进行基本配置。

2. 实践要求

学员能够独立地对交换机、路由器进行基本操作配置。

3. 实践内容

① 使用 Console 线登录设备。

② 配置设备的远程登录用户名、密码及与 Telnet 相关的配置。

项目 5　搭建局域网

项目引入

　　每周一上午，公司领导和技术骨干都要例行开会，小李作为新人，负责每天上午的网络维护工作，碰巧，公司财务人员上报办公室网络非常慢，由于上次小李成功地独立更换网络设备，小李自信满满地去现场解决问题。结果时间一分一秒过去了，小李还是没有头绪，后来还是请公司的技术主管解决了该网络故障，小李就问主管故障原因，主管告诉他是因为周末有人改动线路导致网络形成环路，影响了网络的性能，需要规划好VLAN，最好启用生成树功能防环。

　　为了避免以后类似问题的发生，小李决定好好看看环路问题。本章内容包含小李想要的答案，主要介绍了VLAN和STP等常见的二层交换技术，通过讲解这些技术可以解决小李的困惑。

学习目标

　　1. 熟悉：VLAN、STP和链路聚合的基本工作原理。
　　2. 掌握：VLAN、STP和链路聚合技术的配置。
　　3. 应用：交换网络环境搭建设计。

5.1　任务一：玩转VLAN技术

5.1.1　预备知识

　　传统的以太网使用CSMA/CD工作机制，在CSMA/CD方式下，同一个时间段只有一个节点能在导线上传送数据。如果其他节点想传送数据，必须等到正在传输数据的节点结束后，该节点才能开始传输数据。以太网之所以被称作共享介质就是因为它的节点共享同一传输介质。

　　Hub（集线器）与Repeater（中继器）是在以太网的CSMA/CD机制下工作的，Hub只对信号做简单的再生与放大，所有设备共享一个传输介质，设备必须遵循CSMA/CD工作机制通信。以Hub连接的传统共享式以太网中所有工作站处于同一个冲突域和同一个广播域中。

📖 大开眼界

　　中继器又称作"放大器"，是一种传统的网络设备，它的作用是放大信号，解决物理线路不够长而引起的信号衰减问题。中继器本身有不可避免的缺点：中继器在放大正常通信信号的同时，也放大了噪声信号；它是一个处于OSI七层模型中的物理层设备，无法读懂和修改OSI的上层数据帧，也无法完成更多的选路及优化转发，只起到放大信号与延长线路的作用，而且端口少，不是一种密集型端口的网络设备。中继器现已淘汰，但是为了让大家了解网络设备的发展史，本书中还是对该设备做了简单描述。

　　集线器是一种用于"星形"网络组织的中心设备，它具备中继器的信号放大功能，它有延长物理线路距离的特性。但是集线器在放大正常信号的同时也放大了噪声信号，噪声信号是网络中的干扰信号，它影响正常的网络通信。集线器的接口布局比中继器的接口布局密集，而它们的特性又相似，所以有时集线器也被称作"有更多接口的中继器"。

　　集线器安全威胁的重要提示：只要在集线器的任意接口接入协议分析器，安装协议分析软件的计算机才可以成功地监听集线器上其他接口的所有流进和流出的数据，当然这些数据中也包括比较重要和敏感的机密信息，如密码、账号等。

　　交换机根据目的MAC地址转发或过滤数据帧，隔离了冲突域，工作在数据链路层。由于硬件的发展，交换机的每个接口都实现了全双工转发，所以交换机每个端口都是单独的冲突域。

　　如果工作站直接连接到交换机的端口，此工作站独享带宽。

　　但是由于交换机对目的地址为广播的数据帧做泛洪操作，如图5-1所示，广播帧会被转发到所有端口，因此，所有通过交换机连接的工作站都处于同一个广播域中。

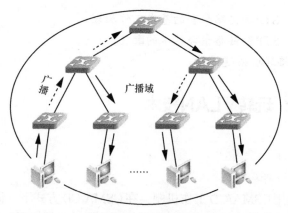

图5-1　广播域

　　所以交换机、网桥、集线器和中继器都在一个广播域内，其中集线器与中继器是一个冲突域，交换机与网桥能终止冲突域。通常需要用路由器或三层设备终止广播和多播，但

VLAN在二层实现了广播域的分隔，如图5-2所示。

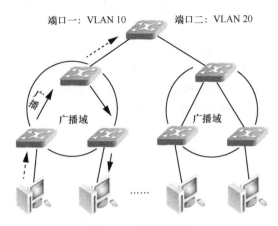

端口一：VLAN 10　端口二：VLAN 20

广播

广播域　　　　广播域

……

图5-2　隔离广播域

大开眼界

　　网桥的广播与集线器的广播有很大区别，网桥的广播只是一个单纯的ARP广播，它不携带真实数据，所以网桥到广播包很小，而且在某种情况下，这种广播报文的大小可以忽略不计。它只广播一次，这次广播的目的是为了构造MAC地址表，利用网桥的MAC地址表自学习功能记录计算机的源MAC地址对应的网桥接口，当成功构造MAC地址表后，网桥将不再进行广播，而是利用MAC地址表进行快速选路并转发。但是集线器每次传输数据都需要依靠广播，因此该广播携带真实的数据负载。

1. VLAN的定义及功能

（1）VLAN的定义

　　虚拟局域网（Virtual Local Area Network，VLAN）是一种通过将局域网内的设备逻辑划分成一个网段从而实现虚拟工作组的新兴技术。

大开眼界

　　802.1Q标准：1996年3月，IEEE 802.1 Internet工作委员会结束了对VLAN初期标准的修订工作。新出台的标准进一步完善了VLAN的体系结构，统一了VLAN标记方式中不同厂商的标签格式，并制订了VLAN标准未来的发展方向，以此形成的802.1Q标准在业界获得了广泛推广。802.1Q标准的出现打破了虚拟局域网依赖厂商标准的僵局，从而推动了VLAN的标准化发展。另外，来自市场需求的压力促使各大网络厂商将新标准融合到他们各自的产品开发中。

　　VLAN技术允许网络管理者将一个物理的LAN逻辑地划分成不同的广播域（或称虚拟LAN，即VLAN），每一个VLAN都包含一组有相同需求的计算机工作站，与物理上形成的LAN有相同的属性。但由于它是逻辑划分而不是物理划分，所以同一个VLAN内的各个工作站无须放置在同一个物理空间里,即这些工作站不一定属于同一个物理LAN网段。一个VLAN内部的广播和单播流量都不会被转发到其他VLAN中,从而有助于控制流量、减少设备投资、简化网络管理、提高网络的安全性。

VLAN是为解决以太网的广播问题和安全性而提出的一种协议,它在以太网帧的基础上增加了VLAN头,用VLAN ID把用户划分为更小的工作组,限制不同工作组间的用户进行二层互访,每个工作组即为一个虚拟局域网。虚拟局域网的好处是可以限制广播范围,能够形成虚拟工作组,并动态管理网络,如图5-3所示。

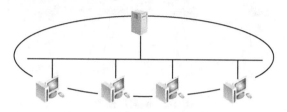

图5-3　主机处在同一广播域

VLAN是一个广播域,其中的成员共享同一物理网段,不同的VLAN成员不能互相直接访问。

在VLAN中,划分在同一广播域中的成员并没有任何物理或地理上的限制,它们可以连接到一个交换网络中的不同交换机上。广播分组、未知分组及成员之间的数据分组都被限定在VLAN内。

（2）VLAN的功能

① 区段化：使用VLAN可将一个广播域分隔成多个广播域,相当于分隔出物理上分离的多个单独的网络。即将一个网络进行区段化,减少每个区段的主机数量,提高网络性能。

② 灵活性：VLAN配置、添加、移去和修改成员都是通过在交换机上进行配置实现的。一般情况下无须更改物理网络、增添新设备、更改布线系统,所以VLAN有极大的灵活性。

③ 安全性：一个网络被划分VLAN后,不同VLAN内的主机间的通信必须通过3层设备,而在3层设备上可以设置ACL等实现第三层的安全性,即VLAN间的通信是在受控的方式下完成的。相对于没有划分VLAN的网络,所有主机可直接通信,VLAN提供了较高的安全性。另外用户想加入任何VLAN,必须通过网络管理员在交换机上进行配置才能加入特定的VLAN,相应地提高了VLAN的安全性。

（3）划分VLAN的方法

VLAN的类型取决于一个标准：即怎样将一个已接受的帧看作属于某个特定的VLAN。VLAN分为以下几种（注意现网中使用最多的划分方法为基于端口的方法）：基于端口、基于MAC地址、基于协议、基于子网、基于组播、基于策略。

1）基于端口的VLAN

基于端口的VLAN是根据以太网交换机的端口来划分的,比如交换机的1～4端口为VLAN A,5～17为VLAN B,18～24为VLAN C。当然,这些属于同一VLAN的端口可以不连续,该如何配置由管理员决定。

如图5-4所示,端口1和端口7被指定属于VLAN 5,端口2和端口10被指定属于VLAN 10。主机A和主机C连接在端口1、7上,因此它们属于VLAN 5;同理,主机B和主机D属于VLAN10。

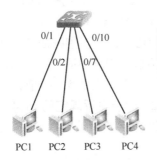

\	VLAN表	
端口	VLAN
Fei_0/1	VLAN5
Fei_0/2	VLAN10
Fei_0/7	VLAN5
Fei_0/10	VLAN10

图 5-4　基于端口的 VLAN

如果存在多个交换机的情况，我们可以指定交换机1的1～6端口和交换机2的1～4端口为同一VLAN，即同一VLAN可以跨越数个以太网交换机，根据端口划分目前定义VLAN的最常用的方法。这种划分方法的优点是简单定义VLAN成员，只要指定所有的端口即可。它的缺点是如果VLAN A的用户离开了原来的端口，到了一个新的交换机的端口，那么就必须重新定义VLAN A。

2）基于MAC地址的VLAN

在该类型的VLAN中，每个交换设备（或一个中心的VLAN信息服务器）追踪网络中所有MAC地址，根据网络管理器配置的信息将他们映射到相应的虚拟局域网。端口在接收帧时，根据目的MAC地址查询VLAN数据库。VLAN数据库将返回该帧所属的VLAN的名字。

该VLAN类型的优势表现在网络设备（例如打印机、工作站）可在不需要重新配置的情况下在网络内部任意移动。要进行该种配置，首先要收集全网主机的MAC地址，并对主机的MAC地址进行配置，所以管理任务较重。

3）基于协议的VLAN

基于协议的VLAN将物理网络划分成基于协议的逻辑VLAN。在端口接收帧时，它的VLAN由该信息包的协议决定。例如，IP、IPX和AppleTalk可能有各自独立的VLAN。IP广播帧只被广播到的IP VLAN中的所有端口接收。

4）基于子网的VLAN

基于子网的VLAN是基于协议的VLAN的一个子集，帧所属的子网决定一个帧所属的VLAN。要做到这点，交换机必须查看入帧的网络层包头，这种VLAN划分的方法与路由器相似，把不同的子网分成不同的广播域。

5）基于组播的VLAN

基于组播的VLAN是由组播分组动态创建的。例如，每个组播分组都与一个不同的VLAN对应。这就保证了组播帧只被相应的组播分组成员的端口接收。

6）基于策略的VLAN

基于策略的VLAN是VLAN最基本的定义。对于每个人（无标签的）帧交换机都查询策略数据库，从而决定该帧所属的VLAN。比如，公司可以建立管理人员之间来往电子邮件的特别VLAN的策略，以便这些流量信息不回泄露给网络上的其他人。

2. VLAN标准

帧在网络中传输时，如果能用某种方法显示该帧所属的VLAN，就可以在一条链路上传输多个VLAN的业务。IEEE制订了通用VLAN标准，形成了虚拟桥接LAN的IEEE 802.1Q规范。IEEE 802.1Q定义了VLAN帧格式，为识别帧属于哪个VLAN提供了一个标准的方法。这个格式统一了标识VLAN的方法，保证不同厂商设备的VLAN可以互通。

如图5-5所示，标记头在原始的以太网帧上加入了4个字节，这样使以太网的最大帧长度变为1518字节。这个值大于IEEE 802.3标准中所规定的1514字节，但是目前正预期对其进行修改，以便能支持VLAN标记长度为1518字节的以太网帧。

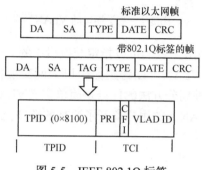

图 5-5　IEEE 802.1Q 标签

4字节的标记头的组成包括以下几点。

① 标记协议标识符（TPID）：2字节的TPID字段的值为16进制的8100，这表明了这个帧承载的是802.1Q/802.1p标签信息。这个值必须区别于以太网类型字段中的任何值。

② 标记控制信息（TCI）：TCI中包含一个3比特的用户优先级字段，该字段被用来在支持IEEE 802.1p规范的交换机进行帧转发的过程中标识帧的优先级，TCI中还包含1比特的规范格式标识符（CFI），该标识符用于标识MAC地址信息是否是规范格式的。此外TCI中还有一个12比特的VID，该VID指明数据帧所属的VLAN的ID，范围0～4095。（VID字段取值范围为0～4095，但是0和4095是不能作为VLAN号使用的，所以可用的VLAN范围为1～4094）。

③ 在一个交换网络环境中，以太网的帧有两种格式：没有加上4个字节标志的帧被称为未标记的帧（Untagged Frame）；加上4个字节标志的帧被称为带有标记的帧（Tagged Frame）。

📖 大开眼界

VLAN的规划可以分为静态VLAN与动态VLAN。静态VLAN规划是指交换机的某个接口通过手工的方式静态地被指派到一个具体的VLAN中，并在交换机的接口模式下使用命令进行配置，被规划到某个具体VLAN的交换机接口将永久性地属于某个具体的VLAN，除非改变配置。在通常情况下，我们建议使用静态VLAN规划。静态VLAN规划时网络中的主机较为固定，主机的移动性所增加的成本不会高于其VLAN本身的管理成本。

如果网络中主机的移动性很大，并且移动频繁，会带来更高的管理开销，我们建议使用动态VLAN规划。所谓动态VLAN规划，就是交换机的某个接口不与某个具体的VLAN形成永久性对应关系，随着主机移动，交换机接口所属的VLAN关系将发生变化。动态VLAN的规划环境中需要一台VMPS（VLAN Management Policy Server，VLAN管理策略服务器），该服务器的作用是将主机的MAC地址与某个具体的VLAN形成对应关系并记录下来。

比如：VMPS记录主机A的MAC地址对应VLAN 2，那么无论主机A在网络中如何移动，它所连接的接口就属于VLAN 2，不需要再对交换机接口做任何配置。

在多数情况下，建议使用静态VLAN规划园区网络，除非主机的移动性很大，并且频繁移动，进而带来更高的管理开销，才使用动态VLAN来完成VLAN规划。

3. VLAN的链路类型

如图5-6所示，VLAN可以跨越交换机，不同交换机上相同VLAN的成员处于一个广播域，可以直接相互访问。图5-6中的所有VLAN 3的数据都能通过中间的过渡交换机实现通信，同样VLAN 5的数据也可以相互转递。

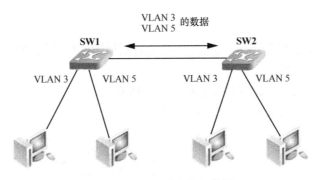

图 5-6　VLAN跨交换机传播

接入链路：连接主机和交换机的链路叫作接入链路。通常情况下主机并不需要知道自己属于哪些VLAN，主机的硬件也不一定支持带有VLAN标记的帧。主机要求发送和接收的帧都是没有打上标记的帧。接入链路属于某一个特定的端口，这个端口属于一个并且只能是一个VLAN。这个端口不能直接接收其他VLAN的信息，也不能直接向其他VLAN发送信息。不同VLAN的信息必须通过3层路由处理才能转发到这个端口上。

中继链路（Trunk Link）：交换机间互连的链路称为中继链路。中继链路可以承载多个不同VLAN数据的链路，或者用于交换机和路由器之间的连接。数据帧在中继链路上传输时，交换机必须用一种方法识别数据帧是属于哪个VLAN的。IEEE 802.1Q定义了VLAN帧格式，所有在中继链路上传输的帧都是被打上标记的帧（Tagged Frame）。通过这些标记，交换机就可以确定这些帧分别属于哪个VLAN。

和接入链路不同，中继链路是用来在不同的设备之间（如交换机和路由器之间、交换机和交换机之间）承载VLAN数据的，因此中继链路是不属于任何一个VLAN的。通过配置，中继链路可以承载所有的VLAN数据，也可以被配置成只能传输指定的VLAN数据。中继链路虽然不属于任何一个具体的VLAN，但是可以给中继链路配置一个PVID（Port VLAN ID）。当中继链路出现没有带标记的帧时，交换机就给这个帧增加带有PVID的VLAN标记，然后对其进行处理。

4. VLAN的端口类型

VLAN的端口分为Access端口、Trunk端口、Hybrid端口3种类型。

① Access端口一般在连接PC时使用，发送不带标签的报文。一个Access Port只属于一个VLAN。缺省所有端口都包含在VLAN 1中，且均为Access端口。Access端口的PVID值和它所属的VLAN相关。

② Trunk端口一般在交换机级联端口传递多组VLAN信息时使用。一个Trunk Port可以属于多个VLAN。Trunk端口的PVID与所属的VLAN无关，缺省值为1。

③ Hybrid端口是混合端口，可以用于交换机之间的连接，也可以连接用户的计算机。Hybrid端口可以属于多个VLAN，可以接收和发送多个VLAN的报文。Hybrid端口和Trunk端口在接收数据时，处理方法是一样的，唯一不同的是发送数据时，Hybrid端口可以允许发送多个不打标签的VLAN的报文，而Trunk端口只允许发送缺省VLAN的报文时不打标签。

5. VLAN转发原则

（1）Access端口

接收报文：判断是否有VLAN信息，如果没有则标记上端口的PVID，并进行交换转发，如果有则直接丢弃（缺省）。

发送报文：将报文的VLAN信息剥离，直接将其发送出去。

Access端口收、发报文机制如图5-7所示。

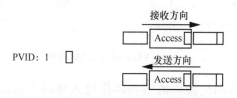

图 5-7　Access 端口收、发报文机制

（2）Trunk端口

接收报文：判断是否有VLAN信息，如果没有则标记上端口的PVID，并进行交换转发，如果有判断该Trunk端口是否允许该VLAN的数据进入，如果可以则转发，否则丢弃。

发送报文：比较端口的PVID和将要发送报文的VLAN信息，如果两者相等则剥离VLAN信息，再发送，如果不相等则直接发送。

Trunk端口收、发报文机制如图5-8所示。

图 5-8　Trunk 端口收、发报文机制

（3）Hybrid端口

接收报文：判断是否有VLAN信息，如果没有则标记上端口的PVID，并进行交换转发，如果有则判断该Hybrid端口是否允许该VLAN的数据进入，如果可以则转发，否则丢弃（此时端口上的untag配置是不用考虑的，untag配置只在发送报文时起作用）。

发送报文：判断该VLAN在本端口的属性。如果是untag则剥离VLAN信息，再发送；如果是tag则直接发送，如图5-9所示。

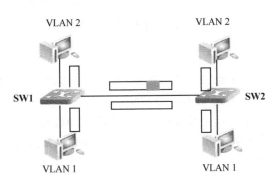

图5-9 标签变化过程

如图5-9所示，网络中有两台交换机，并且均配置了两个VLAN。主机和交换机之间的链路是接入链路，交换机之间通过中继链路互相连接。

主机不需要知道VLAN的存在。主机发出的报文都是untagged的报文，交换机接收到这样的报文后，根据配置规则（如端口信息）判断出报文所属的VLAN，并对其进行处理。如果报文需要通过另外一台交换机发送，则该报文必须通过中继链路传输到另外一台交换机上。为了保证其他交换机能正确处理报文的VLAN信息，在中继链路上发送的报文都携带VLAN标记。交换机最终确定报文发送端口后，将报文发送给主机之前，其将VLAN的标记从以太网帧中删除，这样主机接收到的报文都是不携带VLAN标记的以太网帧。

大开眼界

一般情况下，中继链路上传送的都是Tagged Frame，接入链路上传送的都是Untagged Frame。这样做的最终结果是：网络中配置的VLAN可以被所有的交换机正确处理，而主机不需要了解VLAN信息。

5.1.2 VLAN的配置及应用

1. 任务描述

如图5-10所示，Switch A的端口fei_1/1、fei_1/2和Switch B的端口fei_1/1、fei_1/2属于VLAN 10；Switch A的端口fei_1/4、fei_1/5和Switch B的端口fei_1/4、fei_1/5属于VLAN 20，且均为Access端口。两台交换机通过端口Gei_1/24互连，需要实现Switch A和Switch B间相同的VLAN互通。

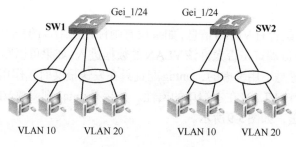

图 5-10 VLAN 互通实例

2. 任务分析

本任务需要在交换机上设置 VLAN，使同一个 VLAN 的所有主机能够互通。

① 在两个交换机上分别创建 VLAN 10 和 VLAN 20；

② 把端口加入 VLAN 中，这一步是把和主机相连的 Access 端口加入到 VLAN 中；

③ 把交换机之间互联的端口设置成 Trunk 端口，并中继 VLAN 10 和 VLAN 20；

④ 验证任务是否成功。

3. 配置流程

配置流程如图 5-11 所示。

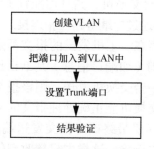

图 5-11 配置流程

4. 关键配置

以 Switch A 为例，步骤如下。

① 创建 VLAN。

```
ZXR10_A(config)#vlan 10
ZXR10_A(config)#vlan 20
```

② VLAN 中添加 Access 端口（两种方法）。

```
ZXR10_A(config)#vlan 10
ZXR10_A(config-vlan)#switchport pvid fei_1/1-2
ZXR10_A(config-vlan)#exit
```

另外一种方法也可以把端口加入到 VLAN 中。

```
ZXR10_A (config-if)interface fei_1/10
ZXR10_A (config-if)#switchport access vlan 3
ZXR10_A (config-if)#exit
```

③ 设置 Trunk 端口。

```
ZXR10_A(config)#interface gei_1/24
```

ZXR10_A(config-if)#switchport mode trunk

④ 允许Trunk端口传递VLAN 10和VLAN 20的数据。

ZXR10_A(config-if)#switchport trunk vlan 10
ZXR10_A(config-if)#switchport trunk vlan 20

⑤ 交换机B的配置参考交换机A。

5. 结果验证

① 查看所有VLAN的配置信息。

```
Switch A(config)#show vlan
VLAN Name    Status Said  MTU IfIndex PvidPorts  UntagPorts  TagPorts
-----------------------------------------------------------------------
1   VLAN0001 active 100001 1500 2      fei_1/3,fei_1/6-24
10  VLAN0010 active 100010 1500 0      fei_1/1-2            fei_1/24
20  VLAN0020 active 100020 1500 0      fei_1/4-5            fei_1/24
```

② 查看端口为Trunk模式下的所有VLAN信息。

```
ZXR10(config)#show vlan trunk
VLAN Name    Status Said  MTU IfIndex PvidPorts  UntagPorts  TagPorts
-----------------------------------------------------------------------
1   VLAN0001 active 100001 1500 2      fei_1/3,fei_1/6-24
10  VLAN0010 active 100010 1500 0                           fei_1/24
20  VLAN0010 active 100010 1500 0                           fei_1/24
```

③ 同一个VLAN中的PC互Ping。如图5-12所示，在VLAN 10的主机上Ping另一台主机，可以Ping通。

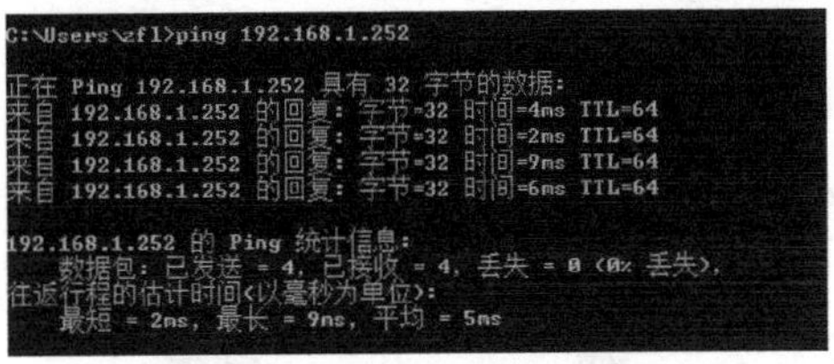

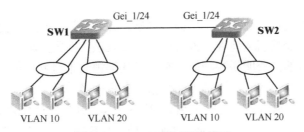

图 5-12　通过 Ping 命令验证

5.1.3　任务拓展

如图5-13所示，在5.1.2任务的基础之上，把交换机之间互联的端口改成Hybrid类型，要求相同VLAN之间的主机能够互通。

图 5-13　Hybrid 端口配置练习

▶▶5.2 任务二：打造无环的交换网络

5.2.1 预备知识

为了提高整个网络的可靠性，消除单点失效故障，在网络设计中通常采用多台设备、多个端口、多条线路的冗余连接方式，如图5-14所示。

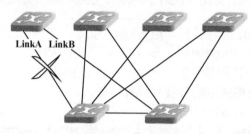

图 5-14 二层冗余

但是，物理上的冗余，是否就能保证业务的顺畅？二层的冗余，也会给网络带来一定的问题。网络存在物理环路的情况下可能导致2层环路的产生。如果交换机不对2层环路做处理，将会导致严重的网络问题，包括：广播风暴、帧的重复复制、交换机MAC地址表的不稳定（MAC地址漂移）等问题。

1. 广播风暴的形成

在一个存在物理环路的2层网络中，如图5-15所示，主机X发送一个广播数据帧，交换机A从上方的端口接收到广播帧，并做泛洪处理，将其转发至下面的端口。通过下面的连接，广播帧将到达交换机B的下方端口。

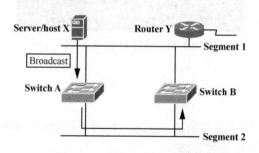

图 5-15 主机 X 发出广播帧

交换机在下方的端口处收到一个广播数据帧，并做泛洪处理，通过上方的端口转发此帧，如图5-16所示，交换机A将在上方端口重新接收该广播数据帧。

由于交换机执行的是透明桥的功能，在转发数据帧时不对帧做任何处理。所以对于再次到来的广播帧，交换机A无法识别出此数据帧是否已经被转发过，因此，还会对此广播帧做泛洪操作。广播帧到达交换机B后会做同样的操作，并且此过程会不断进行下去，无限循环。以上是广播帧被传播的一个方向，实际环境中会在两个不同的方向上产生这一过程。

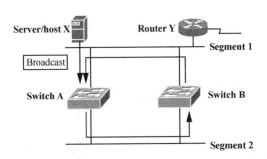

图 5-16　交换机转发该广播帧

　　在很短的时间内，大量重复的广播帧被不断循环转发，从而消耗掉整个网络的带宽，连接在这个网段上的所有主机设备也会受到影响，极大地消耗了系统的处理能力，严重的可能导致设备死机，如图5-17所示。

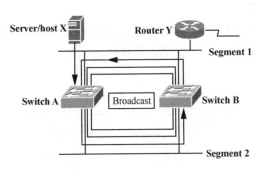

图 5-17　网络上产生广播风暴

　　一旦产生广播风暴，系统无法自动恢复，必须由系统管理员人工干预恢复网络状态（某些设备在端口上可以设置广播限制，一旦在特定时间内检测到广播帧超过了预先设置的阈值即可关闭此端口等操作，以减轻广播风暴给网络带来的损害。但这种方法并不能真正消除2层环路带来的危害）。

　　2. 数据帧被多次复制

　　如图5-18所示，主机X发送单播数据帧，目的地是路由器Y的本地接口，而此时路由器Y的本地接口的MAC地址对于交换机A与B都是未知的。数据帧通过上方的网段直接到达路由器Y，同时到达交换机A的上方端口。

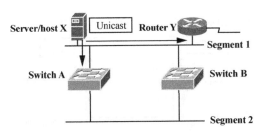

图 5-18　主机 X 发出单播帧

　　如图5-19所示，交换机A会从下方的端口转发该数据帧，数据帧到达交换机B的下方端口，交换机B的情况与交换机A相同，也会对此数据帧进行泛洪操作并从上方的端口转发此数据帧，该数据帧再次到达路由器Y的本地接口。

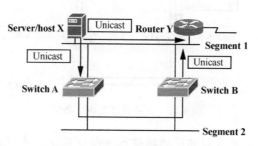

图 5-19　交换机转发该单播帧

根据上层协议与应用的不同，同一个数据帧被传输多次可能导致应用程序出现错误。

3. MAC地址表不稳定

如图5-20所示，主机X发送单播数据帧，目的地是路由器Y的本地接口，而此时路由器Y的本地接口的MAC地址对于交换机A与B都是未知的。

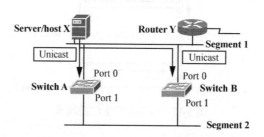

图 5-20　主机 X 发送一单播数据帧

数据帧通过上方的网段到达交换机A与交换机B的上方端口。交换机A与交换机B将此数据帧的源MAC地址，即主机X的MAC地址与各自的Port 0相关联并将其记录到MAC地址表中。

而此时，两个交换机对此数据帧的目的MAC地址是未知的，当交换机对帧的目的MAC地址未知时，交换机会进行泛洪操作。如图5-21所示，两台交换机都会将此数据帧从下方的Port 1转发到对方的Port 1。

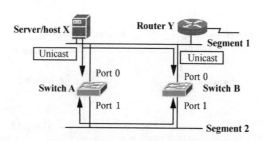

图 5-21　交换机多个端口收到该帧

两个交换机都从下方的 Port 1 收到一个数据帧，其源地址为主机 X 的 MAC 地址，交换机会认为主机X连接在Port 1所在的网段而意识不到此数据帧是经过其他交换机转发的，所以会将主机X的MAC地址改为与Port 1相关联并将其记录到MAC地址表中。交换机学习到错误的信息，会造成交换机MAC地址表的不稳定，这种现象被称为MAC地址漂移。

大开眼界

二层网络中一旦形成物理环路即可形成二层环路，而二层环路给网络带来的损害是很严重的，一旦发生便不会自动愈合。实际的组网应用中经常会形成复杂的多环路连接。面对如此复杂的环路，网络设备必须有一种解决办法在存在物理环路的情况下阻止二层环路的发生。

5.2.2 STP 原理、配置及应用

1. STP 原理

生成树协议（Spanning-Tree Protocol）可以阻止二层物理环路的产生。在二层网络中，生成树协议在有物理环路的网络上构建了无环路的二层网络结构，提供了冗余连接，消除了环路的威胁。

STP中定义了根桥（Root Bridge）——生成树的参考点，根端口（Root Port）——非根桥到达根桥的最近端口，指定端口（Designated Port）——连接各网段的转发端口，路径开销（Path Cost）——整个路径上端口开销之和等概念，通过构造一棵自然树的方法达到裁剪冗余环路的目的，同时实现链路备份和路径最优化。

如图5-22所示，生成树协议可以自动发现冗余网络拓扑中的环路，保留一条最佳链路作转发链路，阻塞其他冗余链路，并且在网络拓扑结构发生变化时重新计算，保证所有网段的可达且无环路。

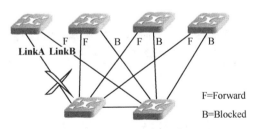

图 5-22　STP 阻塞一部分端口

2. 桥接数据单元（BPDU）

为了计算生成树，交换机之间需要交换相关的信息，这些信息被封装在BPDU（Bridge Protocol Data Unit）中，并在交换机之间传递。

BPDU是指桥接协议数据单元，泛指交换机之间运行的协议在交互信息时使用的数据单元。

BPDU的作用除了在STP刚开始运行时选举根桥外，其他的作用还包括检测发生环路的位置、通告网络状态的改变、监控生成树的状态等。

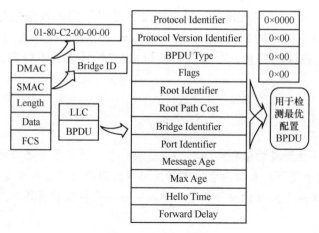

图 5-23　BPDU 结构

大开眼界

如图 5-23 所示，当配置 BPDU 只用于计算生成树，不用于传递拓扑改变信息时：Protocol Identifier（协议标识）、Protocol Version Identifier（协议版本标识）、BPDU Type（BPDU 类型）和 Flags（标志）四部分设置为全 0。

Root Identifier、Root Path Cost、Bridge Identifier 和 Port Identifier 四部分用于检测最优的配置 BPDU，并进行生成树计算。

Message Age 随时间增长而变大；Max Age 默认为 20s，如果 Message Age 达到 Max Age，则此配置 BPDU 被认为已经过期；Hello Time 默认为 2s，即在指定端口上，配置 BPDU 每隔两秒发送一次；Forward Delay 默认为 15s。

小提示

理解 STP 的原理后，应该思考一个问题：在成环后的链路中，交换机会阻塞端口，这个被阻塞的端口是被什么样的算法确定下来的？为什么会阻塞它？下面我们一起来对 STP 算法进行分析。

3. STP 算法

生成树算法很复杂，但是其过程可以分为选择根网桥、选择根端口、选择指定端口三个步骤。

首先我们看看 STP 是怎么选择根网桥的。

选择根网桥的依据是网桥 ID。网桥 ID 由两部分组成：2 字节长度的交换机优先级和 6 字节长度的 MAC 地址。

交换机优先级是可以配置的，取值范围是 0 ～ 65535，默认值为 32768。网络中交换机标识最小的是根交换机，首先比较优先级，如果优先级相同则比较 MAC 地址，值越小越优先，如图 5-24 所示。

Bytes	Field
2	Protocol ID
1	Version
1	Message Type
1	Flags
8	Root ID
4	Cost of Path
8	Bridge ID
2	Port ID
2	Message Age
2	Maximum Time
2	Hello Time
2	Forward Delay

开始启动时：
Bridge ID=Root ID

图 5-24　交换机以自己为根

开始启动 STP 时，所有的交换机将根桥 ID 设置为与桥的 ID 相同的数值，即认为自己是根桥。

当收到其他交换机发出的 BPDU 并且其中包含比自己的桥 ID 小的根桥 ID 时，交换机将此学习到的、具有最小桥 ID 的交换机作为 STP 的根桥。

当所有交换机都发出 BPDU 后，具有最小桥 ID 的交换机被选择作为整个网络的根桥。根桥选举出以后，正常情况下只有根桥可以每隔 2 s 从所有指定端口发出 BPDU。

📖 小提示

谁会成为根桥？这将根据各台交换机的网桥 ID 来确定，具备最小网桥 ID 的交换机成为根桥。什么是网桥 ID？网桥 ID 叫作网桥标识符。网桥 ID 由网桥（交换机）的两个关键部分组成：网桥优先级＋网桥的 MAC 地址。在默认情况下，所有的网桥优先级是相同的（默认值为 32768），所以 MAC 地址的大小决定根桥。

接下来看看 STP 怎么选择根端口。

当完成根桥的选举后，接下来需要确定环路中的根端口。根端口不在根桥上，而是处于非根桥的交换机上，并且指示到根桥的最小开销路径。这个最小的总开销值被称为交换机的根路径开销（Root Path Cost）。如果这样的端口有多个，则比较端口上所连接的上行交换机的交换机标识，开销值越小越优先，如果端口上所连接的上行交换机的标识相同，则比较端口上所连接的上行端口的端口标识（Port Identifier），开销值越小越优先。端口标识由两部分组成：1 字节长度的端口优先级和 1 字节长度的端口号，如图 5-25 所示。

📖 小提示

交换机的每个端口都有一个端口开销（Port Cost）的参数，此参数表示数据从该端口发送时的开销值，即出端口的开销。STP 认为从一个端口接收数据是没有开销的。从一个非根交换机到达根交换机的路径可能有多条，每一条路径都有一个总的开销值，此开销值是该路径上所有出端口的端口开销总和。

Bytes	Field
2	Protocol ID
1	Version
1	Message Type
1	Flags
8	Root ID
4	Cost of Path
8	Bridge ID
2	Port ID
2	Message Age
2	Maximum Time
2	Hello Time
2	Forward Delay

开始启动时:
Bridge ID=Root ID

图 5-25 比较根路径开销

最后,我们来看看STP怎么选择指定端口。

当环路中的根端口选举完毕后,我们再确定指定端口(Designated Port)和阻塞端口(Blocked Port)。STP为每个网段选出一个指定端口,指定端口为每个网段转发发往根交换机方向的数据,并且转发由根交换机方向发往该网段的数据。指定端口所在的交换机被称为该网段的指定交换机。

选举指定端口和指定交换机时,首先比较该网段连接的端口所属的交换机的根路径开销,越小越优先;如果根路径开销相同,则比较连接的端口所属的交换机的标识,越小越优先;如果根路径开销相同,交换机标识也相同,则比较所连接的端口的端口标识,越小越优先。

既不是根端口也不是指定端口的交换机端口被称为非指定端口或阻塞端口。非指定端口不转发数据,处于阻塞状态,至此STP的工作完成。

4. STP的端口

STP共定义了根端口、指定端口、非指定端口三种端口角色,描述见表5-1。

表5-1 端口角色描述

端口角色	描述
Root Port	根端口,是交换机上离根交换机最近的端口,处于转发状态
Designated Port	指定端口,转发网段发往根交换机方向的数据和从交换机方向发往所连接的网段的数据
Blocked Port	非指定端口,不向所联网段转发任何数据

交换机的端口在STP环境中共有阻塞、倾听、学习、转发、关闭5种状态,如图5-26所示。

最大的老化时间(Bridge Max Age):数值范围从6秒到40秒,缺省为20秒。

如果在超出最大老化时间后,交换机还没有从原来转发的端口收到根桥发出的BPDU,那么交换机认为链路或端口发生了故障,需要重新计算生成树,因此,需要打开一个原来阻塞掉的端口。

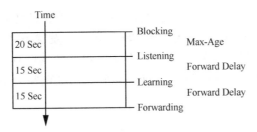

图 5-26 交换机端口状态

如果交换机在超出最大老化时间之后没有收到BPDU，说明此交换机与根桥失去了联系，此交换机将充当根桥向其他交换机发出BPDU数据包。如果该交换机确实具有最小的桥ID，那么，它将成为根桥。

当拓扑发生变化，新的配置消息要经过一定的时延才能传播到整个网络，这个时延被称为转发延迟（Forward Delay），协议默认值是15秒。

所有网桥收到变化的消息前，若旧拓扑结构中处于转发的端口没有发现自己应该在新的拓扑中停止转发，则可能存在临时环路。为了解决临时环路的问题，生成树使用了一种定时器策略，即在端口从阻塞状态到转发状态中间加上一个只学习MAC地址但不参与转发的中间状态，两次状态切换的时间长度都是Forward Delay，这样就可以保证在拓扑变化时不会产生临时环路。

但由此导致STP的切换时间会比较长，典型的切换时间为最大老化时间加2次转发延迟时间，约为50秒。

5. 临时的环路

端口角色以及在状态的变化过程中可能会出现临时环路的问题。

如图5-27所示，在本例中，初始状态下SW 1为根交换机，所有的交换机端口中，只有SW 4的Fei_0/2端口为Blocked Port，且处于不转发状态。

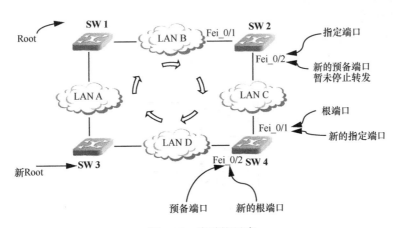

图 5-27 临时的环路

假设修改SW 3的优先级，使SW 3成为新的根交换机，SW 4的Fei_0/2接口成为新的根端口，并进入转发状态，Fei_0/1接口成为新的指定端口，并处于转发状态，SW 2的Fei_0/2应当成为新的Blocked Port，并进入不转发状态。如果SW 2的Fei_0/2在从转发状态进入不转发状态之前，SW 4的Fei_0/2就从不转发状态进入转发状态，则网络中会出现临时环路。

解决临时环路的方法是：端口从不转发状态进入转发状态之前（例如SW3的Fei_0/1端口），需要等待很长时间，以使需要进入不转发状态的端口有时间完成生成树的计算，并进入不转发状态。端口从不转发状态进入转发状态之前需要等待两次Forward Delay间隔。

6. STP配置及应用

（1）任务描述

如图5-28所示，交换机运行STP，我们来观察端口的变化状态。

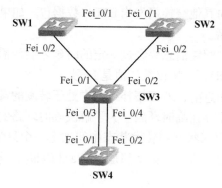

图 5-28　STP 配置

（2）任务分析

本任务中，4个交换机需要启用STP，以阻止网络形成环路。

① 4台交换机分别启用STP；

② 把STP模式设置成SSTP；

③ 更改交换机的优先级。

（3）配置流程

配置流程如图5-29所示。

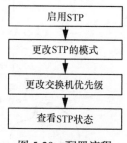

图 5-29　配置流程

（4）关键配置

以交换机A为例介绍关键配置。

① 使能STP。

```
3928-1 (config)#spanning-tree enable
```

② 更改STP模式。

3928-1 (config)#spanning-tree mode sstp

③ 更改交换机优先级。

3928-1 (config)#spanning-tree mst instance 0 priority 8192

（5）任务验证

用以下命令，查看STP信息。

```
ZXR10#show spanning-tree instance 0
Spanning tree enabled protocol ieee
Root ID   Priority   32769
Address   0001.96A7.432B
Cost      19
Port      1(FastEthernet0/1)
Hello Time  2 sec  Max Age 20 sec  Forward Delay 15 sec
Bridge ID  Priority   32769  (priority 32768 sys-id-ext 1)
Address   00E0.F96B.373B
Hello Time  2 sec  Max Age 20 sec  Forward Delay 15 sec   Aging Time  20
Interface       Role Sts Cost    Prio.Nbr Type
---------------- ---- --- --------- -------- --------------------------------
Fa0/1         Root FWD 19      128.1   P2p
Fa0/2         Altn BLK 19      128.2   P2p
```

5.2.3 任务拓展

交换机开启STP可避免出现环路。需要配置STP参数，通过修改优先级、端口开销等控制STP根交换机、根端口、指定端口的选举，并记录每个步骤的操作结果，如图5-30所示。

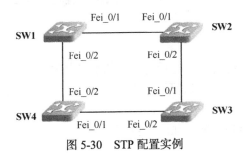

图 5-30   STP 配置实例

▶▶5.3   任务三：链路聚合的配置及应用

5.3.1   预备知识

1. 链路聚合

（1）键路聚合简述

链路聚合（Link Aggregation）是指将多个物理端口捆绑在一起，成为一个逻辑端口，以实现出/入流量在各成员端口中的负荷分担。交换机根据用户配置的端口负荷分担策略决定从哪一个成员端口将报文发送到对端交换机。当交换机检测到其中一个成员端口的链路发生故障时，就停止在此端口上发送报文，并根据负荷分担策略在剩下的链路中重新计算报文发送的端口，故障端口恢复后重新计算报文的发送端口。链路聚合在增加链路带宽、实现链路负荷分担和冗余等方面是一项很重要的技术，如图5-31所示。

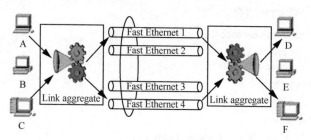

图 5-31　链路聚合

链路聚合将两台交换机间的多条平行物理链路捆绑为一条大带宽的逻辑链路。如两台交换机间有4条100Mbit/s的链路，捆绑后认为两台交换机间存在一条单向400Mbit/s，双向800Mbit/s带宽的逻辑链路。并且聚合链路在生成树环境中被认为是一条逻辑链路。链路聚合要求被捆绑的物理链路具有相同的特性，如带宽，双工方式等，如果是Access Port，应属于相同的VLAN。

小提示

链路聚合是一门流量工程设计技术，它能减少拥塞并在必要时分配附加的资源。高效的流量工程设计减少了分组损失和转接延迟，因此提高了总吞吐量。

（2）链路聚合的优点

链路聚合的优点如下：

① 将多个物理链路捆绑为一个逻辑链路，增加了带宽；

② 增加了可靠性，例如D链路断开，流量会自动在剩下的A、B、C三条链路间重新分配；

③ 避免二层环路；

④ 实现链路传输弹性和冗余，如图5-32所示。

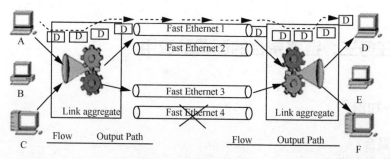

图 5-32　实现链路冗余

两个交换机之间有多条平行链路，则不使用链路聚合，STP将保留一条链路而阻塞其余链路，不能充分利用设备的端口处理能力与物理链路，如果使用链路聚合技术，STP看到的是交换机之间一条大带宽的逻辑链路。使用链路聚合可以充分利用所有设备的端口处理能力与物理链路，流量在多条平行物理链路间进行负载均衡。当有一条链路出现故障时，流量会自动在剩下链路间重新分配，并且这种故障切换所用的时间是毫秒级的，远快于STP的切换时间，对大部分应用都不会造成影响。

（3）负载分担机制

链路聚合使用负载分担机制能均衡使用多条平行的物理链路。把流量平均分配在聚合的链路上。可以基于源Port、源MAC地址与目的MAC地址流等多种算法在多条物理链路上进行负载均衡，如图5-33所示。

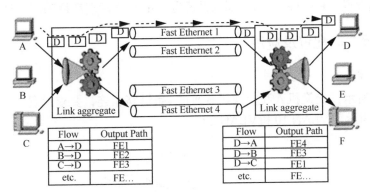

图 5-33 实现负载均衡

（4）链路聚合原理

链路聚合又分为静态Trunk和LACP两种链路聚合方式。

① 静态Trunk将多个物理端口直接加入到Trunk组中，使其形成一个逻辑端口，这种方式不利于我们观察链路聚合端口的状态。静态Trunk聚合的缺点是在发生故障时，设备无法进行负载分担，数据容易溢出，造成部分业务中断，如图5-34所示。

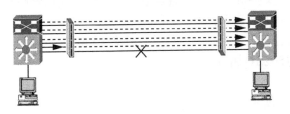

图 5-34 静态链路聚合

② 链路聚合控制协议（Link Aggregation Control Protocol，LACP）遵循IEEE 802.3ad标准。LACP通过协议将多个物理端口动态聚合到Trunk组中，形成一个逻辑端口。LACP自动产生聚合以获得最大的带宽。

链路聚合功能需要遵循以下原则，端口的以下几个属性完全一致：

① 端口的工作模式为全双工模式；

② 端口的工作速率必须一致；

③端口属性必须一致，可以是Access、Trunk或Hybrid。

2. LACP

IEEE 802.3ad标准的LACP是一种实现链路动态汇聚的协议。LACP通过LACPDU（Link Aggregation Control Protocol Data Unit，链路聚合控制协议数据单元）与对端交互信息。

端口开启LACP后，该端口将通过发送LACPDU向对端通告系统优先级、系统MAC地址、端口优先级、端口号和操作Key。对端接收到这些信息后，将这些信息与其他端口所保存的信息进行比较以选择能够汇聚的端口，从而双方可以对端口加入或退出某个动态汇聚组达成一致。

端口成员模式设置为Active或Passive时，运行LACP时，Active指端口为主动协商模式，Passive指端口为被动协商模式。配置动态链路聚合时，应当将一端端口的聚合模式设置为Active，另一端设置为Passive，或者两端都设置为Active，当两端都是Passive时，聚合会失效。

5.3.2 链路聚合的配置及应用

1. 任务描述

如图5-35所示，交换机A和交换机B通过4条链路相连，要求设置一个静态Trunk链路聚合。链路组承载VLAN 10和VLAN 20。

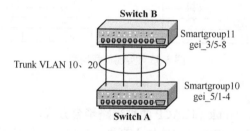

图5-35 拓扑示意

2. 任务分析

本任务需要在两个交换机上分别设置静态链路聚合，并且允许VLAN通过。

①在交换机A和B上创建聚合组。

②把端口加入聚合组，并且把模式设置成静态Trunk。

③设置链路组的802.1Q属性。

3. 配置流程

配置流程如图5-36所示。

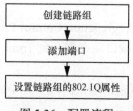

图5-36 配置流程

4. 主要配置

以交换机A为例介绍主要配置。

① 创建链路组。

ZXR10_A(config)#interface smartgroup10// 默认模式为静态

② 添加成员。

ZXR10_A(config)#interface gei_5/1
ZXR10_A(config-if)#smartgroup 10 mode on

③ 配置SmartGroup并透传相关VLAN。

ZXR10_A(config)#interface smartgroup10
ZXR10_A(config-if)#switchport mode trunk
ZXR10_A(config-if)#switchport trunk vlan 10
ZXR10_A(config-if)#switchport trunk vlan 20

5. 验证结果

显示成员端口的聚合状态。

```
ZXR10(config)#show lacp 2 internal
Smartgroup:2
Actor   Agg     LACPDUs   Port      Oper Port RX      Mux
Port    State   Interval  Priority  Key  State Machine Machine
-------------------------------------------------------------
fei_3/17 selected  30        32768 0x202 0x3d current
collecting-distributing
fei_3/18 selected  30        32768 0x202 0x3d current
collecting-distributing
```

State为Selected，Port State为0x3d时，表示端口聚合成功。如果聚合不成功则Agg State显示Unselected。

5.3.3 任务拓展

如图5-37所示，交换机A和交换机B通过4条链路相连，要求设置一个动态UNK链路聚合，端口上运行LACP。链路组要求能传递VLAN 10和VLAN 20的数据。

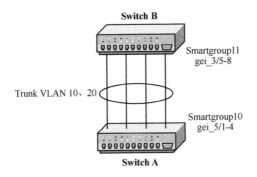

图5-37 拓扑示意

知识总结

1. VLAN的概念及主要作用。
2. 交换机接口VLAN工作模式的区别。
3. 生成树工作原理。
4. STP端口角色选举过程。
5. STP端口状态变换。
6. 链路聚合工作原理。
7. LACP动态聚合工作模式。

思考与练习

1. VLAN有哪些作用？
2. VLAN划分的方法有哪些？
3. VLAN的端口类型有哪些？各自有什么特点？
4. 二层环路有什么危害？
5. STP的工作步骤有哪些？
6. STP的端口角色有哪些？
7. STP为什么会出现临时的环路？怎么解决？
8. 链路聚合的优点是什么？
9. 什么是LACP？

实践活动

如果机房网络由你来进行规划，你会如何划分VLAN

1. 实践目的
掌握交换机的VLAN部署方案。
2. 实践要求
学员能够梳理出实验室机房内交换机的VLAN部署情况。
3. 实践内容
① 调查机房网络的设备概况。
② 规划对应的VLAN。

项目6　如何实现网络间互联

项目引入

小李的公司接到一个新的项目，规划设计一个小型的园区网络，网络中网段数量比较多，项目需要园区网络所有节点都能被互访。

小李：主管，我以前做的配置都是相同网段互通，只需要配置交换机、VLAN、STP等即可，但是这不同网段互通应该使用什么技术啊？

主管：以前让你做的都是比较简单的网络，现在不同的网络之间互访就需要使用路由技术了。

小李：路由技术？是不是只有路由器需要配置路由呢？

主管：不完全对。三层交换机也支持路由，三层网络设备中都会有路由表这个东西，所有数据在不同网段间转发都需要依据这张表。

为了帮助小李理解路由技术，本章介绍了路由的基础概念和各种路由的特点。小李通过本章可以了解如何实现不同网络间的设备互通。

学习目标

1. 识记：路由基础概念信息。
2. 领会：RIP、OSPF和静态路由工作原理。
3. 掌握：RIP、OSPF和静态路由的配置部署方式。
4. 应用：动态路由协议组建网络。

▶6.1　任务一：初识路由技术

6.1.1　预备知识

Internet是由不同网络互相连接而成的。路由器就是用于连接这些不同网络的专用网络设备，实现在不同网络间转发数据单元。

📖 **大开眼界**

生活中的信件发送与网络世界的数据路由的联动思考。

① 将写好的信放入信封，并在信封上写明收件人的地址、寄信人的地址。联动思考：在网络世界中，OSI第三层封装IP报文，并在报头写入源IP地址与目标IP地址。

② 将写好收件人和寄件人地址的信件投递到最近的邮政箱。联动思考：在网络世界中，目标IP地址与源IP地址不在同一个子网中，就需要将源IP地址产生的数据报文投递到默认网关，默认网关就相当于距离寄信人最近的邮政箱。在此以后，信件要怎么发是邮局的事，寄信人无须再做任何处理。路由也是一样，数据报文只要被送到了默认网关距离发送者最近的路由器，计算机就再也干涉不了数据报文怎样发送了，至于数据报文怎样发送，这是路由器的工作。这也是我们学习的重点。

③ 当信件被投递到邮政箱后，邮局将本地区域内的所有邮政箱的信件进行汇总、归类，为运送信件做准备。联动思考：在网络世界中，运营商的路由器将所有企业网络的路由进行汇总或策略化后再送出本地的自治区域。

④ 当信件被本地邮局送出后，信件是被空运还是利用火车或轮船运载，这要看寄信人采用哪种方式寄这封信（挂号、快递、平信）。联动思考：在网络世界中，当数据报文从运营商的路由器转发后，数据报文可有多种途径或方式到目的地，具体通过哪一条路径到某地的运营商，这就要看具体的路由策略以及不同成本的路径开销。

⑤ 当信件到某地的邮局时，某地的邮局需要将这些进入该地邮局的信件全部分发到该地不同区域的邮政箱中。联动思考：在网络世界里，数据报文从某地的运营商发出经过不同的路径到另一地的运营商的路由器，该地的运营商的路由器收到数据报文后，会将该报文分发给该地各大企业级路由设备。

⑥ 信件到目标收信人附近的邮政箱后，会被转发到收信人的手中。联动思考：在网络世界中，数据报文会通过企业级路由器转发给目标用户。

（1）路由器的作用

路由器之所以在互联网络中处于关键地位，是因为它处于网络层，一方面它屏蔽了下层网络的技术细节，能够跨越不同的物理网络类型，使各类网络都统一为IP，这种一致性使全球范围用户之间的通信成为可能；另一方面在逻辑上将整个互联网络分割成逻辑上独立的网络单位，使网络具有一定的逻辑结构。同时，路由器还负责对IP包进行灵活的路由选择，把数据逐段向目的地转发，使全球范围用户之间的通信成为现实。

（2）路由器的工作原理

路由器的工作流程是指路由器从一个端口收到一个报文后，去除链路层封装，交给网络层处理。网络层首先检查报文是否是送给本机的，若是，去掉网络层封装，送给上层协议处理。若不是，则根据报文的目的地址查找路由表，若找到路由，将报文交给相应端口的数据链路层，封装端口所对应的链路层协议后，发送报文。若找不到路由，将报文丢弃。

路由器查找的路由表，可以是管理员手工配置的，也可以是通过动态路由协议自动学习形成的。为了实现正确的路由功能，路由器必须负责管理维护路由表的工作。

路由器的交换/转发功能指的是数据在路由器内部移动与处理的过程：从路由器一个接口接收，然后选择合适的接口转发，其间做帧的解封装与封装，并对数据包做相应处理。

> 📖 **注意**
>
> 　　路由器属于OSI模型中的网络层（第三层）设备，提供网络层的IP寻址、路由、隔离广播等功能。

（3）路由的定义

路由是指导IP数据包发送的路径信息。

在互联网中，路由选择要使用的路由器，路由器只是根据所收到数据包头的目的地址选择一个合适的路径（通过某一个网络），将数据包传送到下一个路由器，路径上最后的路由器负责将数据包送交目的主机。

（4）路由表的定义、特点及分类

路由表（Routing Table）：路由器中保存着各种传输路径的相关数据，供路由选择时使用。

路由器根据接收到的IP数据包的目的网段地址查找路由表并决定转发路径。

路由表中需要保存子网的标志信息、网上路由器的个数和要到达此目的网段，以及需要将IP数据包转发至具体的下一跳相邻设备地址等内容，以供路由器查询使用。

路由表被存放在路由器的RAM上，这意味着如果路由器要维护的路由信息较多，就必须有足够的RAM空间，而且一旦路由器重新启动，原来的路由信息都会消失。

> 📖 **大开眼界**
>
> 　　RAM（Random Access Memory，随机存储器）存储单元的内容可按需随意取出或存入。且存储器存取的速度与存储单元的位置无关。这种存储器在断电时将丢失其存储内容，因而主要用于存储短时间内使用的程序。

路由表可以是由系统管理员固定设置好的（静态路由表），也可以是根据网络系统的运行情况而自动调整的路由表（动态路由表），它是根据路由选择协议提供的功能，自动学习和记忆网络运行情况，在需要时自动计算数据传输的最佳路径。

（5）路由表的构成

① 目的网络地址：用于标识IP包要到的目的逻辑网络或子网地址。

② 掩码：与目的地址一起来标识目的主机或路由器所在网段的地址。将目的地址和网络掩码"逻辑与"后可得到目的主机或路由器所在网段的地址。

③ 下一跳地址：与承载路由表的路由器相接且相邻的路由器的端口地址，有时我们也把下一跳地址称为路由器的网关地址。

④ 发送的物理端口：数据包离开本路由器去往目的地时将经过的接口。

⑤ 路由信息的来源：表示该路由信息是怎样学习到的。路由表可以由管理员手工建立（静态路由表），也可以由路由选择协议自动建立并维护。路由表不同的建立方式即为路由信息的不同学习方式。

⑥ 路由优先级：也称为管理距离，决定了来自不同路由来源的路由信息的优先权。表6-1描述了常见的路由优先级。

表6-1 路由优先级

路由选择协议	优先级
直连路由	0
静态路由	1
外部BGP（EBGP）	20
OSPF协议	110
RIPv1，v2协议	120
内部BGP（IBGP）	200
Special（内部处理使用）	255

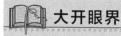

大开眼界

路由优先级数值范围为0～255，数值越小优先级越高。

各个设备厂商自行决定不同路由协议的路由优先级的赋值，没有统一标准。

完全相同的路由才能进行路由优先级的比较，如10.0.0.0/16和10.0.0.0/24是不相同的路由，如果RIP学到了其中的一条，而OSPF学到了另一条，则两条路由都会加入路由表中。

⑦ 度量值：度量值用于表示相同的路由可能需要花费的代价，因此在相同的路由中，优先级相同的且度量值最小的路由就是最佳路由。

大开眼界

一台路由器上可以同时运行多个路由协议。不同的路由协议都有自己的标准可衡量路由的好坏（有的采用下一跳次数，有的采用带宽，有的采用延时，在路由数据中，一般使用度量量化），并且每个路由协议都把自己认为是最好的路由送到路由表中。

这样到达一个同样的目的地址，可能有多条分别由不同路由选择协议学习来的路由信息。虽然每个路由选择协议都有自己的度量值，但是不同协议间的度量值含义不同，也没有可比性。

（6）最长匹配原则

在路由器中，路由查找遵循的是最长匹配原则。所谓的最长匹配就是当路由查找时，使用路由表中到达同一目的地的子网掩码最长的路由。如图6-1所示，相对于上述去往10.1.1.1的数据包，路由表中，同时有三条路由可以转发此数据包，分别是10.0.0.0、10.1.0.0和10.1.1.0。根据最长匹配原则，10.1.1.0这个条目匹配到了24位，因此，去往10.1.1.1的数据包用10.1.1.0的路由条目提供的信息进行转发，即转发fei_0/1.3。

```
ZXR 10#show ip route
IPv4 Routing Table:
 Dest         Mask              Gw        Interface  Owner   pri metric
1.0.0.0       255.0.0.0         1.1.1.1   fei_0/1.1  direct   0    0
1.1.1.1       255.255.255.255   1.1.1.1   fei_0/1.1  address  0    0
2.0.0.0       255.0.0.0         2.1.1.1   fei_0/1.2  direct   0    0
2.1.1.1       255.255.255.255   2.1.1.1   fei_0/1.2  address  0    0
3.0.0.0       255.0.0.0         3.1.1.1   fei_0/1.3  direct   0    0
3.1.1.1       255.255.255.255   3.1.1.1   fei_0/1.3  address  0    0
10.0.0.0      255.0.0.0         1.1.1.1   fei_0/1.1  ospf     110  10
10.1.0.0      255.255.0.0       2.1.1.1   fei_0/1.2  static   1    0
10.1.1.0      255.255.255.0     3.1.1.1   fei_0/1.3  rip      120  5
0.0.0.0       0.0.0.0           1.1.1.1   fei_0/1.1  static   0    0

10.1.1.1 ▶ ?
```

图 6-1　最长匹配原则示意

（7）直连路由

在路由器接口上配置的网段地址会自动出现在路由表中并与接口关联，这样的路由称作直连路由。

直连路由是由链路层发现的，其优点是自动发现、开销小，缺点是只能发现本接口所属网段的路由信息。

当路由器的接口配置了网络协议地址并显示状态正常时，即表示物理连接正常，并且可以正常检测到数据链路层协议的 Keepalive 信息时，接口上配置的网段地址自动出现在路由表中并与接口关联。其中，产生方式（Owner）为直连（direct），路由优先级为0，拥有最高路由优先级，其 metric 值为0，表示拥有最小 metric 值。

直连路由会随接口的状态变化在路由表中自动变化，当接口的物理层与数据链路层状态正常时，此直连路由会自动出现在路由表中，当路由器检测到此接口 Down 掉后，此条路由会自动消失，如图6-2所示。

```
IPv4 Routing Table:
 Dest           Mask              Gw           Interface  Owner   pri  metric

10.0.0.0        255.255.255.0     10.0.0.1     fei_0/1    direct   0    0
10.0.0.1        255.255.255.255   10.0.0.1     fei_0/1    address  0    0
192.168.0.0     255.255.255.252   192.168.0.1  e1_1       direct   0    0
192.168.0.1     255.255.255.255   192.168.0.1  e1_1       address  0    0
ZXR10#
```

图 6-2　直连路由表示

（8）静态路由和默认路由

1）静态路由

系统管理员手工设置的路由称之为静态（Static）路由。静态路由的优点是不占用网络和系统资源、安全，缺点是当一个网络故障发生后，静态路由不会自动修正，必须由网络管理员手工逐条配置。

静态路由是否出现在路由表中取决于下一跳是否可达，即此路由的下一跳地址所处网段对本路由器是否可达。

静态路由在路由表中产生方式为静态，路由优先级为1，其 metric 值为0。图6-3描述了静态路由的显示内容。

```
ZXR 10#show ip route
IPv4 Routing Table:
Dest          Mask                 Gw         Interface   Owner   pri  metric
3.0.0.0       255.0.0.0            3.1.1.1    fei_0/1.3   direct   0    0
3.1.1.1       255.255.255.255     3.1.1.1    fei_0/1.3   address  0    0
10.0.0.0      255.0.0.0           1.1.1.1    fei_0/1.1   ospf     110  10
10.1.0.0      255.255.0.0         2.1.1.1    fei_0/1.2   static   1    0
10.1.1.0      255.255.255.0       3.1.1.1    fei_0/1.3   rip      120  5
0.0.0.0       0.0.0.0             1.1.1.1    fei_0/1.1   static   0    0
```

图 6-3　静态路由表示

2）默认路由

默认路由又称为缺省路由，是一种特殊的静态路由。

路由表中所有路由选择失败时，将使用默认路由，这使得路由表有一个最后的发送地址，从而大大减轻了路由器的处理负担。

如果一个报文不能与任何一个路由匹配，那么这个报文只能被路由器丢掉，而把报文丢向"未知"的目的地是我们所不希望的，为了完全连接路由器，它一定要有一条路由连到某个网络上。路由器既要保持完全连接，又不需要记录每个单独路由时，就可以使用默认路由。通过默认路由，我们可以指定一条单独的路由来表示所有的其他路由。

6.1.2　静态路由的配置及应用

1. 任务描述

如图6-4所示，配置静态路由，使用户A需要访问用户B。

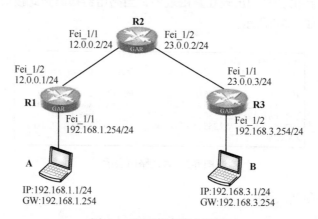

图 6-4　配置静态路由实例

2. 任务分析

步骤1：主机A有数据发往主机B，主机A根据自己的IP地址与子网掩码计算出自己所在的网络地址，比较主机B地址，发现主机B与自己不在同一网段。所以主机A将数据发送给缺省网关，即R1的Fei_1/1接口。

步骤2：路由器R1在接口Fei_1/1上接收到一个以太网数据帧，检查其目的MAC地址是否为本接口的MAC地址，如果是自己的MAC地址，则R1知道自己需要将数据转发出去，然后通过检查将数据链路层封装去掉，解封装成IP数据包。

步骤3：路由器R1检查IP数据包中的目的IP地址，根据目的IP地址在路由表中查找匹配最深的条目，即用目的IP地址与路由表中每一个路由条目掩码相比较并得出匹配掩码位最深的条目，并从接口Fei_1/2转发此数据包，转发前要做相应的三层处理与新的数据链路层的封装。

步骤4：数据包被转发至R2后会经历与R1相同的过程，在R2的路由表中查找目的网段的条目，并从接口Fei_1/2转发。

步骤5：同理，当数据包被转发至R3后会经历与R1、R2相同的处理过程，在R3的路由表中查找目的网段的条目，发现目的网段为直联网段，最终数据包被转发至目的主机B。

3. 配置流程

配置流程如图6-5所示。

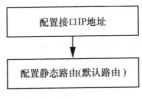

图6-5　配置流程

4. 关键配置

R1上静态路由配置如下。

    ZXR10_R1(config)#ip route 192.168.3.0 255.255.255.0 12.0.0.2

R2上静态路由的配置如下。

    ZXR10_R2(config)#ip route 192.168.3.0 255.255.255.0 23.0.0.3
    ZXR10_R2(config)#ip route 192.168.1.0 255.255.255.0 12.0.0.1

R2上可用默认路由配置如下。

    ZXR10_R3(config)#ip route 0.0.0.0 0.0.0.0 23.0.0.2

📖 小提示

静态路由是在全局配置模式下配置的，一次只能配置一条。命令ip route之后是目的网络及子网掩码，以及到达目的网络的下一跳IP地址或者发送接口。

如果在一个运行RIP的路由器上配置了默认路由，RIP将会把默认路由0.0.0.0/0通告给它的邻居，甚至不需要在RIP域内再分配路由。

对于OSPF协议，运行OSPF的路由器不会自动地把默认路由通告给它的邻居，为了使OSPF能够发送默认路由到OSPF域内，必须使用default-information originate命令。

静态路由配置命令ip route中的参数<distance-metric>可以用来改变某条静态路由的管理距离值。假设从R1到192.168.3.0/24网段有两条不同的路由，则配置如下。

    ZXR10_R1(config)#ip route 192.168.3.0 255.255.255.0 12.0.0.2
    ZXR10_R1(config)#ip route 192.168.3.0 255.255.255.0 21.0.0.2 21 tag 21

小提示

上面两条命令配置了到达同一网络的两条不同的静态路由,第一条命令没有配置管理距离值,因此使用缺省值1,第二条命令配置管理距离值21。由于第一条路由的管理距离值小于第二条,因此路由表中将只会出现第一条路由信息,即路由器将只通过下一跳12.0.0.2到达目的网络192.168.3.0/24。只有当第一条路由失效并从路由表中消失时,第二条路由才会在路由表中出现。

5. 结果验证

使用show ip route命令可以显示路由器的全局路由表,查看路由表中是否有配置的静态路由。以下这条命令非常有用,在路由协议的结果验证中经常用到。

命令格式	命令模式	命令功能
show ip route[*<ip-address>*][*<net-mask>*] | *<protocol>*]	所有模式	显示全局路由表

我们可以查看R3的路由表。

```
ZXR10#show ip route
```

从路由表中可以看到,下一跳为23.0.0.2的默认路由被作为最后的路由加入到路由表中。在路由协议配置中使用默认路由时,需根据路由协议的不同而不同。在主机A上Ping主机B的时候,就会提示成功。

6.1.3 任务拓展

如图6-6所示,路由器R1和R2相连,并要求设置静态路由,这样3台主机就互通了。

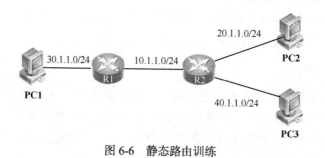

图6-6 静态路由训练

6.2 任务二:VLAN间的路由调试

6.2.1 预备知识

我们首先简述VLAN间的路由相关知识。

VLAN是基于二层的技术,但是如果VLAN之间的信息还需要互通,就需要通过

VLAN的三层路由功能来实现。在本章中，我们将学习VLAN是如何来实现三层路由功能的。

小提示

我们知道，一个网络将VLAN隔离成多个广播域后，各个VLAN之间是不能互相访问的，因为各个VLAN的流量已经在物理上被隔离开了。但是，隔离网络并不是建网的最终目的，选择VLAN隔离只是为了优化网络，我们最终还是要使整个网络畅通。

我们解决VLAN之间的通信方法是在VLAN之间配置路由器，这样VLAN内部的流量仍然通过原来的VLAN内部的二层网络进行，一个VLAN到另外一个VLAN的通信流量是通过路由在三层上进行转发的，转发到目的网络后，再通过二层交换网络把报文发送给目的主机。

小提示

由于路由器对以太网上的广播报文采取不转发的策略，因此中间配置的路由器仍然不会改变划分VLAN所达到的广播隔离的目的。

VLAN在路由器之间做互联使用，我们可以通过各种配置，比如对路由协议的配置、对访问控制的配置等形成对VLAN之间互相访问的控制策略，使网络处于受控的状态。

大开眼界

在划分了VLAN并且使用路由器将VLAN互联起来的网络中，网络的主机是如何相互通信的呢？

我们将处于相同VLAN内部的主机称为本地主机，与本地主机之间的通信称为本地通信。处于不同VLAN的主机称为非本地主机，与非本地主机之间的通信我们称为非本地通信。

本地通信中通信两端的主机同处于一个相同的广播域，两台主机之间的流量可以直接相互到达。

非本地通信中通信两端的主机位于不同的广播域内，两台主机的流量不能互相到达，主机通过ARP广播请求也不能请求到对方的地址。

此时，通信必须借助中间的路由器完成，路由器在各个VLAN中间，实际上是作为各个VLAN的网关起作用的。因此需要通过路由器互相通信的主机必须知道这个路由器的存在，并且知道它的地址。

在路由器配置好后，在主机上配置默认网关为路由器在本VLAN上的接口的地址。

如图6-7所示，主机1.1.1.10要同2.2.2.20通信。

首先，我们将主机1.1.1.10与本地的子网掩码比较，发现目的主机不是本地主机，不能够直接访问目的主机。

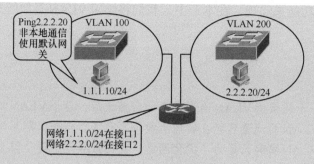

图 6-7　VLAN 间路由

根据 IP 通信的规则，主机 1.1.1.10 将要查找本机的路由表，寻找相应的网关，在实际网络中，主机通常只配置了默认网关，因此主机 1.1.1.10 找到默认网关。然后，主机 1.1.1.10 在本机的 ARP Cache 中查找默认网关的 MAC 地址，如果没有找到 MAC 地址，则启动一个 ARP 请求的过程去发现。得到默认网关的 MAC 地址后，主机将帧转发给默认网关，再由路由器转发。路由器通过查找路由表将报文转发到相应的接口上面，然后查找到目的主机的 MAC 地址，并将报文发送给目的主机。目的主机收到报文后，回应的报文经历类似的过程又转发回主机 1.1.1.10。了解以上过程后，我们知道 VLAN 之间的互通和其他的网络配置相同，要根据网络的实际设计情况，同步地配置网络各个部分的设置。如果单独配置路由器的地址，而没在主机上配置网关，VLAN 间的通信依然是无法运行的。

VLAN 之间的通信通过路由器进行，那么在建立网络的时候就有选择联网的情况。目前实现 VLAN 间路由可采用普通路由、单臂路由、三层/多层交换机三种方式。

（1）普通路由

按照传统的建网原则，我们应该从每一个需要进行互通的 VLAN 单独建立一个物理连接到路由器，每一个 VLAN 都要独占一个交换机端口和一个路由器的端口。路由器上，多个物理接口配置不同 VLAN 缺省网关 IP 地址，交换机上的端口设置为 Access Port，其分别属于不同的 VLAN。

在这样的配置下，路由器上的路由接口和物理接口是一对一的对应关系，路由器在进行 VLAN 间路由时就要把报文从一个路由接口上转发到另一个路由接口上，即从一个物理接口上转发到其他的物理接口上去，具体如图 6-8 所示。

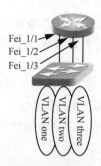

图 6-8　普通路由

📖 小提示

　　增加VLAN时，用普通路由的方式很容易在交换机上实现，但在路由器上需要为此VLAN增加新的物理接口，而路由器的物理接口有限，所以这种方式的最大缺点是成本高、灵活性与可扩展性差，优点是路由器上普通的以太口即可用于VLAN间路由。

　　（2）单臂路由
　　单臂路由是指在路由器的一个接口上通过配置子接口（或是并不存在真正物理接口的"逻辑接口"）的方式，实现原来相互隔离的不同VLAN之间的互联互通。
　　如果路由器以太网接口支持802.1Q封装即可实现单臂路由的方式，使用这种技术，可以使多个VLAN的业务流量共享相同的物理连接，通过在单臂路由的物理连接上传递打标记的帧来将各个VLAN的流量区分开来，单臂路由如图6-9所示。

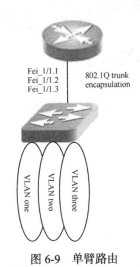

图6-9　单臂路由

　　路由器上的路由接口和物理接口是多对一的对应关系，路由器在进行VLAN间路由时就把报文从一个路由子接口上转发到另一个路由子接口上，但从物理接口上看是从一个物理接口上转发回同一个物理接口上，VLAN标记在转发后被替换为目标网络的标记。
　　通常情况下，VLAN间路由的流量不足以达到链路的线速度，使用VLAN Trunk的配置，可以提高链路的带宽利用率、节省端口资源、简化管理（例如：当网络需要增加一个VLAN时，只要维护设备的配置即可，无须对网络布线进行修改）。

📖 大开眼界

　　虽然单臂路由技术易于实现，且能够完成VLAN间的路由，但是建议不要在实际的工程环境中使用单臂路由技术去完成VLAN间的路由，因为单臂路由毕竟是使用传统的路由器来完成VLAN间的路由的，用传统的路由器进行VLAN间的路由在性能上还有一定的不足：因为路由器利用通用的CPU，完全依靠软件进行转发，同时支持各种通信接口，给软件带来的负担比较大。软件要处理包括报文接收、校验、查找路由、选项处理、报文分片的工作，这些因素导致性能不能做到很好，要实现高的转发率就会带来高昂的成本。

三层交换机使用硬件完成交换，其可以达到线性转发，所以三层交换机的可扩展性与可用性都远远高于单臂路由技术。由此三层交换机就诞生了，我们利用三层交换技术来进一步改善性能。

（3）三层/多层交换机

三层交换机是现代化网络组建必不可少的设备，是现今最流行的组网设备之一。三层交换机是具有部分路由器功能的交换机。从宏观角度讲，三层交换技术就是二层交换技术与三层路由技术相集成的，图6-10所示为三层交换机。

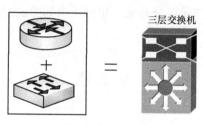

图 6-10　三层交换机

📖 **大开眼界**

三层交换机是具有路由能力的交换机，既能像路由器一样根据路由表转发数据包，也能像二层交换机一样根据MAC地址表来实现网络内的数据交换。但三层交换机并不是路由器和交换机的简单叠加。

三层交换机最主要的功能就是完成大型网络内部的数据快速转发，下面我们就来看看它的转发流程。

同网段通信时的转发流程如下。

网络内通信时，首先源主机会判断目的IP与源IP是否属于同网段。若属于同网段，则直接向目的主机发起ARP请求，得到应答后缓存目的IP与目的MAC的对应关系，之后发往目的主机的数据包直接封装目的IP和目的MAC。

交换机收到这样的数据帧后，将按照普通二层交换机的转发流程，先查询MAC地址表后再进行转发，转发流程如图6-11所示。

跨网段通信时的转发流程如下。

跨网段通信时的转发流程1，如图6-12所示。图6-12中，源主机先要判断目的IP与源IP是否属于同网段，如果不在同一网段，则主机不直接向目的主机发起ARP请求，而是向自己的网关（本例中的三层交换机）发起ARP请求，获取网关IP与MAC的对应关系。

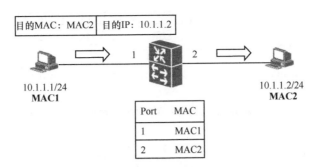

图 6-11　同网段通信时的转发流程

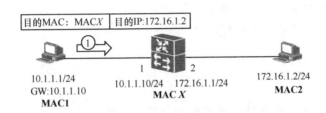

图 6-12　跨网段通信时的转发流程 1

📖 注意

之后，以目的主机的 IP 为目的 IP，以网关 MAC 为目的 MAC，再封装数据帧发向三层交换机。

跨网段通信时的转发流程 2 如图 6-13 所示。图 6-13 中，三层交换机在收到主机发来的数据帧后，发现目的 MAC 地址是它自己，这表示此帧需要它解封装后处理。于是三层交换机解封装，继续查看 IP 包头信息，并根据目的 IP 地址查询路由表，进行转发。

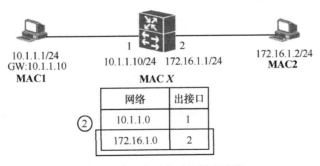

图 6-13　跨网段通信时的转发流程 2

跨网段通信时的转发流程 3 如图 6-14 所示。图 6-14 中，三层交换机以目的主机的 IP 地址和 MAC 地址进行封装，并将数据帧发出去。

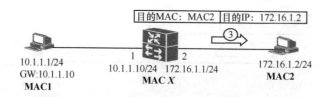

图 6-14　跨网段通信时的转发流程 3

　　这里请大家再次思考 IP 与 MAC 各自的作用。IP 地址作为逻辑地址，它在不断被转发的过程中找出到达目的地的路径。

　　但在一个设备发往下一个设备的数据帧中，却是由 MAC 地址来唯一确定下一设备的身份，这个过程中需要用到 ARP。

　　一直到这里，三层交换机的转发流程与路由器的转发流程并没有什么不同，都是通过查询路由表来决定如何转发的。接下来，三层交换机将利用 ASIC（Application Specific Integrated Circuit）来加快转发速度。

　　跨网段通信时的转发流程 4 如图 6-15 所示。三层交换机会将转发的结果写入 ASIC 的硬件转发表中，下一次有去往同一目的 IP 地址的数据包到达时，根据此表便可以快速转发和封装数据包，就像二层交换机查询 MAC 地址表进行帧交换一样快捷。我们把查询一次路由表和根据硬件转发表进行转发的这一过程称为"一次路由，多次交换"。

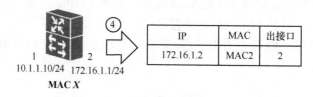

图 6-15　跨网段通信时的转发流程 4

　　在三层交换机中，会先尝试硬件转发表，若目的地址没有匹配的硬件转发表项，再查询路由表。

6.2.2　VLAN 间的路由配置及应用

1. 任务描述

　　方法一：如图 6-16 所示，交换机的端口 Fei_1/1 属于 VLAN 20，为 Access 端口；端口

Fei_1/2属于VLAN 30，为Access端口；端口Fei_1/3与路由器互联，为Truck端口。路由器的端口Fei_0/1与交换机互连，需要以单臂路由的方式实现VLAN间路由。

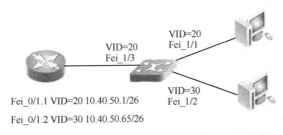

图6-16　单臂路由方式的VLAN间路由配置实例

方法二：如图6-17所示，三层交换机的端口Fei_1/1属于VLAN 20，为Access端口；端口Fei_1/2属于VLAN 30，为Access端口，需要以三层交换机的方式实现VLAN间路由。

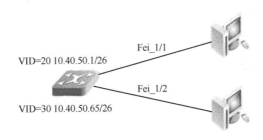

图6-17　三层交换机实现VLAN间路由配置实例

2. 任务分析

方法一：在本任务中，需要在三层交换机上设置VLAN，但只使用二层功能；在路由器上使用VLAN子接口实现VLAN间的通信。

① 在交换机上分别创建VLAN 20和VLAN 30；

② 把端口加入VLAN，这一步是把和主机相连的Access端口加入到VLAN中；

③ 把交换机上与路由器互联的端口设置成Trunk端口，并中继VLAN 20和VLAN 30；

④ 在路由器端口上创建子接口，封装VLAN ID，并在子接口上配置IP；

⑤ 验证任务是否成功。

方法二：本任务中，三层交换机使用路由功能，在VLAN上配置IP地址，实现VLAN间的通信。

① 在交换机上分别创建VLAN 20和VLAN 30；

② 把端口加入VLAN，这一步是把和主机相连的Access端口加入到VLAN中；

③ 在VLAN接口上配置IP；

④ 验证任务是否成功。

配置流程

方法一：配置流程如图6-18所示。

方法二：配置流程如图6-19所示。

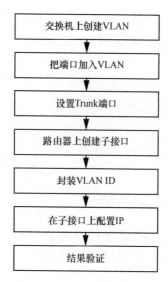

图 6-18　方法一配置流程

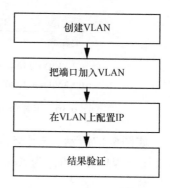

图 6-19　方法二配置流程

3. 关键配置

方法一：配置如下。

在交换机上创建VLAN。

```
ZXR10(config)#vlan 20
ZXR10(config)#vlan 30
```

把端口加入VLAN。

```
ZXR10(config)#interface fei_1/1
ZXR10(config-if)# switchport aceess vlan 20
ZXR10(config)#interface fei_1/2
ZXR10(config-if)# switchport aceess vlan 30
```

设置Trunk端口。

```
ZXR10(config)#interface fei_1/3
ZXR10(config-if)# switchport mode trunk
ZXR10(config-if)# switchport trunk vlan 20
ZXR10(config-if)# switchport trunk vlan 30
```

路由器上创建子接口，封装VLAN ID，并在子接口上配置IP地址。

```
ZXR10(config)#interface fei_0/1.1
ZXR10(config-subif)#encapsulation dot1q 20
ZXR10(config-subif)#ip address 10.40.50.1 255.255.255.192
ZXR10(config)#interface fei_0/1.2
ZXR10(config-subif)#encapsulation dot1q 30
ZXR10(config-subif)#ip address 10.40.50.65 255.255.255.192
```

方法二：配置如下。

```
创建VLAN。
ZXR10(config)#vlan 20
ZXR10(config)#vlan 30
```

把端口加入VLAN。

```
ZXR10(config)#interface fei_1/1
ZXR10(config-if)# switchport aceess vlan 20
ZXR10(config)#interface fei_1/2
ZXR10(config-if)# switchport aceess vlan 30
```

在VLAN上配置IP。

```
ZXR10(config)#interface vlan 20
ZXR10(config-if)#ip address 10.40.50.1 255.255.255.192
ZXR10(config)#interface vlan 30
ZXR10(config-if)#ip address 10.40.50.65 255.255.255.192
```

任务验证如下。

在上述两种情况下，分别给PC1配上IP地址10.40.50.2/26，网关为10.40.50.1；PC2配上IP地址10.40.50.66/26，网关为10.40.50.65，两台PC机可以互通。

6.2.3　任务拓展

如图6-20所示，SW1为三层交换机，SW2、SW3为二层交换机。交换机之间的端口为Trunk端口，交换机与PC之间的端口为Access端口，并要求不同VLAN之间的主机能够互通。

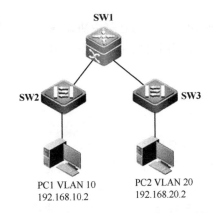

图6-20　跨交换机VLAN间路由配置练习

6.3　任务三：部署RIP

6.3.1　预备知识

1. 动态路由协议

（1）动态路由协议概述

路由表可以是由系统管理员手工设置好的，也可以是配置动态路由选择协议根据网络系统的运行情况而自动调整的动态路由表。根据所配置的路由选择协议提供的功能，动态路由协议可以自动学习和记忆网络运行情况，在需要时自动计算数据传输的最佳路径，该协议适应复杂的网络环境下的应用。

所有的动态路由协议在TCP/IP协议栈中都属于应用层的协议。但是不同的路由协议使用的底层协议不同，如图6-21所示。

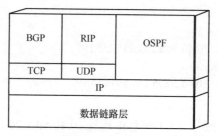

图6-21　动态路由协议在协议栈中的位置

OSPF（开放式最短路径优先）协议工作在网络层，它将协议报文直接封装在IP报文中，协议号为89，由于IP本身是不可靠传输协议，所以OSPF传输的可靠性需要协议本身来保证。

BGP（边界网关协议）工作在应用层，使用TCP（传输控制协议）作为传输协议，端口号为179。

RIP（路由信息协议）工作在应用层，使用UDP（用户数据报协议）作为传输协议，端口号为520。

我们配置了动态路由选择协议后，动态路由协议通过交换路由信息，生成并维护转发引擎所需的路由表。当网络拓扑结构改变时，动态路由协议可以自动更新路由表，并负责决定数据传输的最佳路径。

注意

动态路由协议的优点是可以自动适应网络状态的变化，自动维护路由信息而不需要网络管理员的参与，缺点是由于需要相互交换路由信息，因而会占用网络带宽与系统资源。另外，动态路由协议的安全性也不如静态路由。在有冗余连接的复杂大型网络环境中，适合采用动态路由协议。在动态路由协议中，目的网络是否可达取决于网络状态。

（2）动态路由协议分类

动态路由协议有几种划分方法，按照工作范围划分，路由协议可以分为IGP和EGP，图6-22描述了动态路由协议的分类。

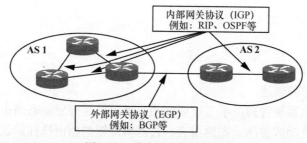

图6-22　动态路由协议分类

内部网关协议（Interior Gateway Protocols，IGP）在同一个自治系统内交换路由信息，RIP和IS-IS协议都属于IGP。IGP的主要目的是发现和计算自治域内的路由信息。

外部网关协议（Exterior Gateway Protocols，EGP）用于连接不同的自治系统，在不同的自治系统之间交换路由信息。外部网关协议主要使用路由策略和路由过滤等控制路由信息在自治域间的传播。

自治系统（AS）是一组共享相似的路由策略并在单一管理域中运行的路由器的集合。一个AS可以是一些运行单个IGP（内部网关协议）的路由器的集合，也可以是一些运行不同路由选择协议但都属于同一个组织机构的路由器的集合。不管是哪种情况，外部世界都将整个AS看作是一个实体。一个自治系统往往对应一个组织实体（比如一家公司或一所大学）内部的网络与路由器集合。

每个自治系统都有一个唯一的自治系统编号，这个编号是由IANA（因特网授权的管理机构）分配的。它的基本思路是希望通过不同的编号来区分不同的自治系统。例如，一名网络管理员管理的网络可以完全访问某个自治系统，但它可能是由竞争对手在管理，或是缺乏足够的安全机制，因此，我们要回避它。通过路由协议和自治系统编号的方式，路由器就可以确定彼此间的路径和路由信息的交换方法。

自治系统的编号范围是1～65535，其中1～64511是注册的因特网编号，64512～65535是专用网络编号。

按照路由的寻径算法和交换路由信息的方式，路由协议可以分为距离矢量（Distant-Vector，D-V）协议和链路状态协议。距离矢量协议包括RIP和BGP，链路状态协议包括OSPF协议、IS-IS协议。

距离矢量路由协议基于贝尔曼-福特算法，使用D-V算法的路由器通常以一定的时间间隔向相邻的路由器发送它们完整的路由表。接收到路由表的邻居路由器将比较收到的路由表和自己的路由表，新的路由或到已知网络但开销（metric）更小的路由都被加入到路由表中。然后，相邻路由器再继续向外广播它自己的路由表（包括更新后的路由）。距离矢量路由器关心的是到目的网段的距离（metric）和矢量（从哪个接口转发数据）。

在发送数据前，路由协议计算到目的网段的metric，在收到邻居路由器通告的路由时，路由协议将学到的网段信息和收到此网段信息的接口关联起来，以后如果有数据被转发到这个网段就使用这个关联的接口。

距离矢量路由协议的优点为：配置简单、占用内存较少和CPU处理时间较短；缺点为：扩展性较差，比如RIP最大跳数不能超过16跳。

链路状态路由协议基于Dijkstra算法，有时被称为最短路径优先算法。L-S（链路状态）算法提供比RIP等D-V算法更大的扩展性和快速收敛性，但是它的算法耗费更多的路由器内存和处理能力。D-V算法关心的是网络中的链路或接口状态（up/down、IP地址、掩码），每个路由器将已知的链路状态向该区域的其他路由器通告，这些通告被称为链路状态通告（Link State Advertisement，LSA）。通过这种方式，区域内的每台路由器都建立了一个本区域的完整的链路状态数据库。然后，路由器根据收集到的链路状态信息来创建它自己的网络拓扑图，形成一个到各个目的网段的带权有向图。

2. RIP

（1）RIP概述

路由器的关键作用是网络的互联，每个路由器与两个以上的实际网络相联，负责在这些网络之间转发数据报。在讨论IP进行选路和对报文进行转发时，我们总是假设路由器包含了正确的路由，而且路由器可以利用ICMP重定向机制来要求与之相连的主机更改路由。但在实际情况下，IP进行选路之前必须先通过某种方法获取正确的路由表。在小型的、变化缓慢的互联网络中，管理者可以用手工方式建立和更改路由表。而在大型的、变化迅速的环境下，人工更新的办法慢得不能接受，这就需要用到自动更新路由表的方法，即动态路由协议，RIP是其中最简单的一种。

RIP（Route Information Protocol，路由信息协议）是基于D-V算法（又被称为Bellman-Ford算法）的内部动态路由协议。算法在ARPARNET早期就被用于计算机网络的路由计算。

RIP是使用最广泛的IGP，著名的路径刷新程序Routed便是基于RIP实现的。RIP被设计用于使用同种技术的中型网络，因此适应于大多数的校园网和使用速率变化不大的地区性网络。更复杂的环境一般不使用RIP。

RIP作为一个系统长驻进程而存在于路由器中，它负责从网络系统的其他路由器中接收路由信息，动态地维护本地IP层路由表，从而保证IP层发送报文时选择正确的路由，同时广播本路由器的路由信息，通知相邻路由器做相应的修改。RIP处于UDP的上层，具体如图6-23所示。

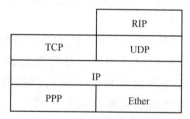

图6-23　路由器协议结构

 注意

RIP所接收的路由信息都被封装在UDP的数据包中，RIP在520号端口上接收来自远程路由器的路由修改信息，并对本地的路由表做相应的修改，同时通知其他路由器，从而达到全局路由有效。

（2）RIP的特点

特点包括以下几点：

① 收敛慢；

② 路由选取到无限；

③ 不能处理VLSM（版本1）；

④ 不能检测路由环路；

⑤ 度量值只是跳跃计数；

⑥ 网络直径小（15个跳跃）。

（3）RIP的优点

RIP的优点为：在一个小型网络中，RIP对于带宽以及网络的配置和管理方面的要求很少，且容易实现。

（4）RIP的实现

RIP根据D-V算法的特点，将协议的参加者分为主动机和被动机两种。主动机主动向外广播路由刷新报文，被动机被动地接收路由刷新报文。一般情况下，路由器既是主动机又是被动机，即路由器在向外广播路由刷新报文的同时，接收来自其他主动机的D-V报文，并进行路由刷新。

RIP规定，路由器每30s向外广播一个D-V报文，报文信息来自本地路由表。RIP的D-V报文中，路由距离以驿站计：与信宿网络直接相连的路由器被规定是一个驿站，相隔一个路由器则为两个驿站……以此类推。一条路由的距离是该路由（从信源机到信宿机）上的路由器数量。为防止寻径环长期存在，RIP规定，长度为16的路由为无限长路由，即不存在的路由。所以一条有效的路由长度不得超过15。正是这一规定限制了RIP的使用范围，使RIP局限于中小型的网络网点中。

为了保证路由的及时有效性，RIP采用触发刷新技术和水平分割法。当本地路由表发生修改时，触发广播路由刷新报文，以迅速广播最新路由的广播并达到全局路由。水平分割法是指当路由器从某个网络接口发送RIP路由刷新报文时，其中不包含从该接口获取的路由信息。这是因为从某网络接口获取的路由信息对于该接口来说是无用信息，同时也解决了两路由器间的慢收敛问题。

对于局域网的路由，RIP规定了路由的超时处理办法。主要是考虑到这样一种情况，如果完全根据D-V算法，一条路由被刷新是因为出现一条开销更小的路由，否则路由一直保存在路由表中，即使该路由崩溃。这种规定势必会造成一定的错误路由信息。为此，RIP规定，所有机器对寻径表中的每一条路由都设置一个时钟，每增加一条新路由，相应设置一个新时钟。在收到的D-V报文中，假如有关于此路由的表目，则将时钟清零，重新计时。假如在120s内一直未收到该路由的刷新信息，则认为该路由崩溃，将其距离设为16，广播该路由信息。如果再过60s后仍未收到该路由的刷新信息，则将它从路由表中删除。如果某路由的距离被设为16，在被删除前，路由被刷新，亦将时钟清零，重新计时，同时广播被刷新的路由信息。至于路由被删除后是否有新的路由代替被删除的路由，取决于去往原路由的信宿有无其他路由，假如有，相应的路由器会广播新路由信息。机器一旦收到其他路由的信息，自然会利用D-V算法建立一条新路由。否则，去往原信宿的路由不再存在。

（5）RIP工作过程

某路由器刚启动RIP时，以广播的形式向相邻路由器发送请求报文，相邻路由器的RIP收到请求报文后，响应请求，回发包含本地路由表信息的响应报文。RIP收到响应报文后，修改本地路由表的信息，同时以触发修改的形式向相邻路由器广播本地路由修改信息。相邻路由器收到触发修改报文后，又向其各自的相邻路由器发送触发修改报文。在一连串的触发修改广播后，各路由器的路由都得到修改并保持最新信息。同时，RIP每30秒向相邻路由器广播本地路由表，各相邻路由器的RIP在收到路由报文后，对本地路由进行维护，然后在众多路由中选择一条最佳路由，并向各自的相邻网广播路由修改信息，使路由达到全局有效。

同时 RIP 采取一种超时机制对过时的路由进行超时处理，以保证路由的实时性和有效性。RIP 作为内部路由器协议，正是通过这种报文交换的方式，提供路由器了解本自治系统内部各网络路由信息的机制。

注意

RIP-2 支持版本 1 和版本 2 两种版本的报文格式。在版本 2 中，RIP 还提供了对子网的支持和提供认证报文的形式。

6.3.2 RIP 的配置

1. 任务描述

如图 6-24 所示，R1、R2 和 R3 运行 RIPv2，并分别启用明文和 MD5 加密，密码为 zte，请完成 PC1 和 PC3 的互通任务。

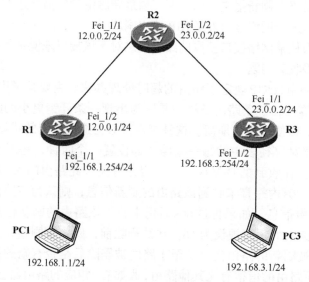

图 6-24　RIP 配置实例

2. 任务分析

① 确认路由器需要运行 RIP 的组网规模，建议总数不要超过 16 台；

② 确认 RIP 使用的版本号，建议使用 V2；

③ 确认路由器上需要运行 RIP 的接口，确认需要引入的外部路由；

④ 注意是否有协议验证部分的配置，对接双方的验证字符串必须一致。

3. 配置流程

图 6-25 所示为配置 RIP 的流程。

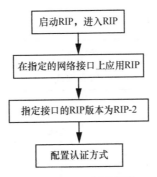

图 6-25　RIP 配置流程

4. 关键配置

R2 的配置: 仅以 R2 为例, R1 和 R3 配置类似。

```
R2(config)# router rip
R2(config-router-rip)# network 12.0.0.0 0.0.0.255   //注意使用反掩码
R2(config-router-rip)# network 23.0.0.0 0.0.0.255
R2(config)# interface fei_1/1
R2(config-if)# ip address 12.0.0.2 255.255.255.0
R2(config-if)# ip rip authentication mode text   //采用明文认证
R2(config-if)# ip rip authentication key zte
R2(config)# interface fei_1/2
R2(config-if)# ip address 23.0.0.2 255.255.255.0
R2(config-if)# ip rip authentication mode md5   //采用 MD5 认证
R2(config-if)# ip rip authentication key-chain 1 zte
```

5. 验证结果

① 显示 RIP 运行的基本信息。

命令格式	命令模式	命令功能
show ip rip	所有模式	显示RIP运行的基本信息

显示结果如下。

```
R2#show ip rip
router rip
auto-summary         //默认打开路由聚合功能
default-metric 1
distance 120         //默认管理距离为 120
validate-update-source //进行源合法性检查
version 2            //当前运行的版本为 V2
flash-update-threshold 5
maximum-paths 1       //默认不支持等价路由
output-delay 5 100
timers basic 30 180 180 240
network
12.0.0.0 0.0.0.255
23.0.0.0 0.0.0.255
```

② 显示由RIP产生的路由条目。

命令格式	命令模式	命令功能
show ip rip database	所有模式	显示由RIP产生的路由条目

显示结果如下。

```
R1#show ip rip databae
Pref Routes
h : is possibly down,in holddown time
f : out holddown time before flush
*> 12.0.0.0/24
*> 23.0.0.0/24
*> 192.168.1.0/24
*> 192.168.3.0/24
```

③ 查看RIP接口的现行配置和状态。

命令格式	命令模式	命令功能
show ip rip interface <interface-name>	所有模式	查看RIP接口的现行配置和状态

显示接口Fei_1/1的RIP信息。

```
R2#show ip rip interface fei_1/1
ip address:
12.0.0.1
receive version 1 2
send version 2
split horizon is effective     // 默认启用水平分割
```

④ 显示用户配置的RIP网络命令。

命令格式	命令模式	命令功能
show ip rip networks	所有模式	显示用户配置的RIP网络命令

⑤ 还提供了debug命令对RIP进行调试，跟踪相关信息。

命令格式	命令模式	命令功能
debug ip rip	特权模式	跟踪RIP的基本收发包过程
debug ip rip database	特权模式	跟踪RIP路由表的变化过程

6.3.3　任务拓展

根据图6-26所示，完成以下任务。

① 要求三台路由器都配置RIP；

② 在R1上启用3个Loopback接口，并针对这3个网段配置路由汇总；

③ 配置RIP认证和被动接口。

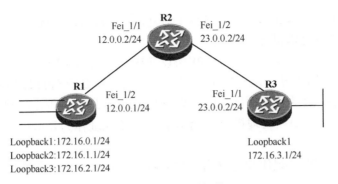

图 6-26　RIP 实训拓扑

6.4　任务四：深入研究OSPF协议

6.4.1　预备知识

1. OSPF协议简介和特点

OSPF（Open Shortest Path First，开放式最短路径优先）协议是IETF（Internet Engineering Task Force）组织开发的一个基于链路状态的自治系统内部网关协议（IGP），用于在单一自治系统（Autonomous system，AS）内决策路由。在 IP 网络上，OSPF 协议通过收集和传递自治系统的链路状态来动态地发现并传播路由。当前OSPF 协议使用的是第二版，最新的RFC 是 2328。

为了弥补距离矢量协议的局限性和缺点从而发展出链路状态协议，OSPF 链路状态协议包括以下优点。

①适应范围：OSPF 支持各种规模的网络，最多可支持几百台路由器。

②最佳路径：OSPF 是基于带宽来选择路径的。

③快速收敛：如果网络的拓扑结构发生变化，OSPF 立即发送更新报文，使这一变化在自治系统中同步。

④无自环：由于 OSPF 通过收集链路状态并用最短路径树算法计算路由，故从算法本身保证了不会生成自环路由。

⑤子网掩码：由于 OSPF 在描述路由时携带网段的掩码信息，所以 OSPF 协议不受自然掩码的限制，能很好地支持 VLSM 和 CIDR。

⑥区域划分：OSPF 协议允许自治系统的网络被划分成区域来管理，区域间传送的路由信息被进一步抽象，从而减少了占用网络的带宽。

⑦等值路由：OSPF 支持到同一目的地址的多条等值路由。

⑧路由分级：OSPF 使用 4 类不同的路由，按优先顺序分别是区域内路由、区域间路由、第一类外部路由、第二类外部路由。

⑨支持验证：它支持基于接口的报文验证以保证路由计算的安全性。

⑩组播发送：OSPF 在有组播发送能力的链路层上以组播地址的方式发送协议报文，

既达到了广播的作用，又最大限度地减少了对其他网络设备的干扰。

2. OSPF协议的基本概念

① Router ID（路由器标识）：OSPF协议使用一个被称为Router ID的32位无符号整数来唯一标识一台路由器。基于这个目的，每一台运行OSPF协议的路由器都需要一个Router ID。Router ID的选择顺序为：如果有Loopback地址，则选择最小的Loopback地址作为Router ID，否则在物理接口中选择最小的IP地址作为Router ID，一般建议手工指定Router ID。

② 协议号：OSPF协议用IP报文直接封装协议报文，协议号是89，如图6-27所示。

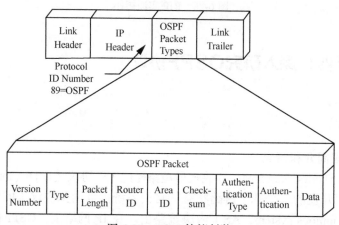

图 6-27　OSPF 协议封装

③ Interface（接口）：路由器和具有唯一IP地址和子网掩码的网络之间的连接，也被称为链路（Link）。

④ DR（指定路由器）和BDR（备份指定路由器）：在一个广播型多路访问环境中的路由器必须选举一个DR和BDR来代表这个网络。

⑤ Adjacency（邻接关系）：邻接在广播或NBMA网络的DR和非指定路由器之间形成的关系。

⑥ Neighboring Routers（相邻路由器）：带有到公共网络接口的路由器。

⑦ Neighbor Database（邻居表）：包括所有建立联系的邻居路由器。

⑧ Link State Datebase（链路状态数据库）：包含了网络中所有路由器的链接状态。它表示整个网络的拓扑结构。同Area内的所有路由器的链接状态表相同。

⑨ Routing Table（路由表）：也称转发表，在链接状态表的基础之上，是利用SPF算法计算而来的。

3. OSPF协议的算法

由于OSPF是一个链路状态协议，OSPF路由器通过建立链路状态数据库生成路由表，这个数据库里具有所有网络和路由器的信息。路由器使用这些信息构造路由表，为了保证网络的可靠性，所有路由器必须有一个完全相同的链路状态数据库。

链路状态数据库是由链路状态公告（LSA）组成的，而LSA是由每个路由器产生的，并在整个OSPF网络上传播。LSA有许多类型，完整的LSA集合将为路由器展示整个网络的精确分布图。

OSPF使用开销（Cost）作为度量值。开销被分配到路由器的每个接口上，默认情况下，一个接口的开销以100Mbit/s为基准自动计算。到某个特定目的地的路径开销是这台路由器和目的地之间的所有链路的开销和。

为了从LSA数据库中生成路由表，路由器运行SPF最短路径优先算法构建一棵开销路由树，路由器被作为路由树的根。SPF算法使路由器计算出它到网络上每一个节点的开销最低的路径，路由器将这些路径的路由存入路由表中，具体如图6-28所示。

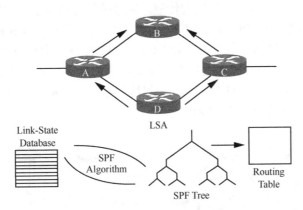

图6-28　OSPF协议算法示意

大开眼界

和RIP不同，OSPF不是简单的周期性广播，它是所有的路由选择信息。OSPF路由器使用Hello报文让邻居知道自己仍然"存活"。如果一个路由器在一段特定的时间内没有收到来自邻居的Hello报文，则表明这个邻居可能已经不再运行了。

OSPF路由刷新时间是递增式的，路由器通常只在拓扑结构改变时发出刷新信息。当LSA的年龄到ZXR10 1800秒时，路由器会重新发送一个该LSA的新版本。

4. OSPF协议的网络类型
OSPF支持的网络类型有以下几种。

（1）Point-to-Point（点到点）

当链路层协议是PPP或LAPB时，路由器默认网络类型为点到点网络，无须选举DR和BDR，当只有两个路由器的接口要形成邻接关系时才使用这种网络类型。

（2）Broadcast（广播）

当链路层协议是Ethernet、FDDI、Token Ring时，路由器默认网络类型为广播网，并以组播的方式发送协议报文。

（3）NBMA

链路层协议是帧中继、ATM、HDLC或X.25，默认网络类型为NBMA，路由器需要手工指定邻居。

（4）Point-to-Multipoint（点到多点）

没有一种链路层协议会被缺省地认为是点到多点类型。点到多点必然是由其他网络类型强制更改的，常见的做法是将非全连通的NBMA改为点到多点的网络。多播Hello包自动发现邻居，无须手工指定邻居。

5. OSPF协议的DR/BDR

（1）DR/BDR的应用环境

在广播和NBMA类型的网络上，任意两台路由器之间都需要传递路由信息，如果网络中有N台路由器，则需要建立N×（N-1）/2个邻接关系。任何一台路由器的路由变化都需要在网段中进行N×（N-1）/2次的传递。但这种传递浪费了宝贵的带宽资源。

为了解决这个问题，OSPF协议指定一台路由器DR（Designated Router）来负责传递信息。所有的路由器只将路由信息发送给DR，再由DR将路由信息发送给本网段内的其他路由器。两台不是DR的路由器之间不再建立邻接关系，也不再交换任何路由信息。这样在同一网段内的路由器之间只需建立N个邻接关系，每次路由变化只需进行2N次的传递即可。DR的产生过程如图6-29所示。

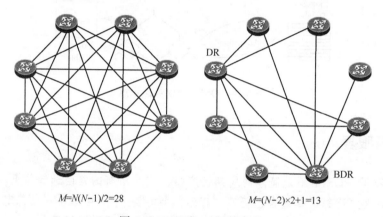

$M=N(N-1)/2=28$　　　　$M=(N-2)\times2+1=13$

图 6-29　DR和BDR的产生

哪台路由器会成为本网段内的DR并不是人为指定的，而是由本网段中所有的路由器共同选举出来的。

DR的选举过程如下。

① 登记选民：本网段内运行OSPF的路由器。

② 登记候选人：本网段内Priority>0的OSPF路由器；Priority是接口上的参数，可以配置，缺省值是1。

③ 竞选演说：一部分Priority>0的OSPF路由器认为自己是DR。

④ 投票：在所有自称是DR的路由器中选出Priority值最大的DR，若两台路由器的Priority值相等，则选择Router ID最大的DR。选票就是Hello报文，每台路由器将自己选出的DR写入Hello中，并发给网段上的每台路由器。

（2）DR、BDR的特点

稳定：由于网段中的每台路由器都只和DR建立邻接关系。如果DR频繁地更迭，则每次都要重新引起本网段内的所有路由器与新的DR建立邻接关系，这样会导致在短时间内网段中有大量的OSPF协议报文在传输，降低网络的可用带宽。所以协议中规定尽量减少DR的变化。具体的处理方法是，每一台新加入的路由器并不急于参加选举，而是先考察一下本网段中是否已存在DR，如果网络中存在DR，则不重新选择DR。

快速响应：如果DR由于某种故障失效，这时必须重新选举DR，并与之同步。这需要较长的时间，在这段时间内，路由计算是不正确的。为了能够缩短这个过程，OSPF提出了BDR（Backup Designated Router）的概念。BDR实际上是对DR的一个备份，在选举DR的同时也选举出BDR，BDR也和本网段内的所有路由器建立邻接关系并交换路由信息。当DR失效后，BDR会立即成为DR，由于不需要重新选举，并且邻接关系事先已建立，所以这个过程是非常短暂的。当然这时还需要重新选举一个新的BDR，虽然一样需要较长的时间，但并不会影响路由计算。

大开眼界

① 网段中的DR并不一定是Priority最大的路由器；同理，BDR也并不一定就是Priority第二大的路由器。

② DR是指某个网段中的概念，是针对路由器的接口而言的。某台路由器在一个接口上可能是DR，在另一个接口上可能是BDR或者是Drother。

③ 只有在广播型网络和NBMA型网络的接口上才会选举DR，在Point-to-Point和Point-to-Muiltipoint类型的接口上不需要选举。

④ 两台Drother路由器之间不进行路由信息的交换，但仍旧互相发送Hello报文。它们之间的邻居状态机停留在2-Way状态。

6. OSPF协议的报文类型

OSPF网络主要是通过OSPF的报文来传递链路状态信息，进而完成数据库的同步。OSPF报文共有5种类型，如图6-30所示。

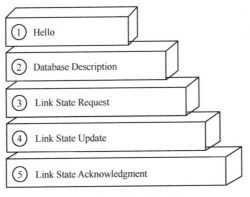

① Hello
② Database Description
③ Link State Request
④ Link State Update
⑤ Link State Acknowledgment

图6-30　OSPF协议报文

① Hello报文（Hello Packet）：它是最常用的一种报文，并被周期性地发送给本路由器的邻居。Hello报文包括一些定时器的数值、DR、BDR以及自己已知的邻居。Hello报文包含很多信息，其中Hello/dead intervals、Area-ID、Authentication password、Stub area flag必须一致，相邻路由器才能建立邻居关系，具体如图6-31所示。

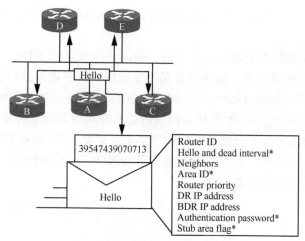

图 6-31   Hello 包携带的信息

② DBD 报文（Database Description Packet）：该报文描述自己的LSDB，包括LSDB中每一条LSA的摘要（摘要是指LSA的HEAD，可唯一标识一条LSA），根据HEAD，对端路由器就可以判断出是否已经存在这条LSA。DBD用于数据库同步。

③ LSR 报文（Link State Request Packet）：用于向对方请求自己所需的LSA，内容包括所请求的LSA的摘要。

④ LSU 报文（Link State Update Packet）：用来向对端路由器发送所需要的LSA，内容是多条LSA（全部内容）的集合。

⑤ LSAck报文（Link State Acknowledgment Packet）：用来对接收到的DBD报文，并确认LSU报文。LSAck报文的内容是需要确认的LSA的HEAD（一个报文可对多个LSA进行确认）。

7. OSPF协议的状态机

在数据库的同步过程中，OSPF设备会在以下一些状态之间转换，共有8种状态，转换关系如图6-32所示。

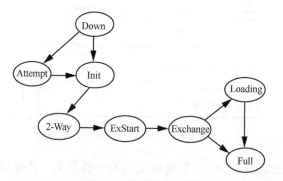

图 6-32   邻居状态机转换

① Down：邻居状态机的初始状态，也是指在过去的Dead-Interval时间内没有收到对方的Hello报文。

② Attempt：只适用于NBMA类型的接口，Attempt处于本状态时定期向手工配置的邻居发送Hello报文。

③ Init：本状态表示已经收到邻居的Hello报文，但是该报文中列出的邻居中没有包含我的Router ID（对方并没有收到我发的Hello报文）。

④ 2-Way：本状态表示双方互相收到了对端发送的Hello报文，建立了邻居关系。在广播和NBMA类型的网络中，两个接口状态是DROther的路由器之间的状态机将停留在此状态，其他情况下状态机将继续转入高级状态。

⑤ ExStart：在此状态下，路由器和它的邻居之间通过互相交换DBD报文（该报文并不包含实际的内容，只包含一些标志位）来决定发送时的主/从关系。建立主/从关系主要是为了保证在后续的DBD报文交换中能够有序地发送。

⑥ Exchange：路由器将本地的LSDB用DBD报文来描述，并将其发给邻居。

⑦ Loading：路由器发送LSR报文向邻居请求对方的DBD报文。

⑧ Full：在此状态下，邻居路由器的LSDB中所有的LSA全部存在于该路由器中，即本路由器和邻居建立了邻接（Adjacency）状态。

注意

稳定的状态有（Down、2-Way、Full），其他状态则是在转换过程中瞬间（一般不会超过几分钟）存在的状态。

8. OSPF邻居关系的建立过程

当配置OSPF的路由器刚启动时，相邻路由器（配置有OSPF进程）之间的Hello包交换过程是最先开始的。图6-33所示为网络中的路由器初始启动后的交换过程。

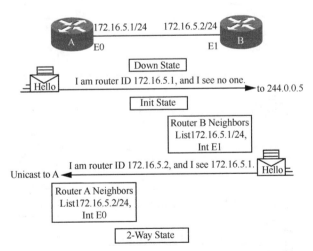

图 6-33　OSPF 邻居关系建立过程

步骤1：路由器A在网络里刚启动时是Down State（未启动状态），因为没有和其他路由器进行交换信息。它开始向加入OSPF进程的接口发送Hello报文，尽管它不知道任何路由器是DR。Broadcast、Point-to-Point网络的Hello包是用多播地址224.0.0.5发送的，

NBMA、Point-to-Multipoint和Virtual Link这三种网络类型的Hello包是用单播地址发送的。

步骤2：所有运行OSPF并与A路由器直连的路由器收到A的Hello包后把路由器A的ID添加到自己的邻居列表中。这个状态是Init State（初始化状态）。

步骤3：所有运行OSPF并与A路由器直连的路由器向路由器A发送单播的回应Hello包，Hello包中邻居字段包含所有知道的Router ID，也包括路由器A的ID。

步骤4：当路由器A收到这些Hello包后，它将其中所有包含自己Router ID的路由器都添加到自己的Neighbors List（邻居表）中，这个状态叫作2-Way。这时，所有在其邻居表中包含彼此Router ID记录的路由器就建立起了双向的通信。

步骤5：如果网络类型是广播型或NBMA网络（就像以太网一样的LAN），那么就需要选举DR和BDR。DR将与网络中所有其他路由器之间建立双向的邻接关系。这个过程必须在路由器能够开始交换链路状态信息之前发生。

步骤6：路由器周期性地（广播型网络中缺省是10秒）在网络中交换Hello数据包，以确保通信仍然在正常工作。更新用的Hello包中包含DR、BDR以及其Hello数据包已经被接收到的路由器列表。注：这里的"接收到"意味着接收方的路由器在所接收到的Hello数据包中看到它自己的Router ID是其中的条目之一。

9. OSPF链路状态数据库的同步过程

一旦选举出DR和BDR之后，路由器就被认为进入"准启动"状态，并且它们也已经准备好发现有关网络的链路状态信息，以及生成它们自己的链路状态数据库。用来发现网络路由的这个过程被称为交换协议，它使路由器进入到通信的"完全（Full）"状态。这个过程中的第一步是使DR和BDR与网络中所有其他的路由器建立一个邻接关系。一旦邻接的路由器处于"完全"状态时，交换协议不会被重复地执行，除非"完全"状态发生了变化。图6-34所示为路由器交换协议的运行步骤。

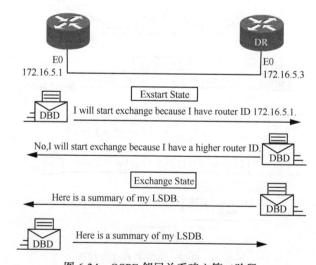

图6-34　OSPF邻居关系建立第二阶段

步骤1：在Exstart State（准启动状态）中，DR和BDR与网络中其他的路由器建立邻接关系。在这个过程中，各路由器与邻接的DR和BDR之间建立一个主从关系。拥有高Router ID的路由器成为主路由器。

步骤2：主从路由器间交换一个或多个DBD数据包（也叫DDP数据包）。这时，路由器处于Exchange State（交换状态）。

DBD包括在路由器的链路状态数据库中出现的LSA条目的头部信息。LSA条目可以是关于一条链路或是关于一个网络的信息。每一个LSA条目的头部信息包括链路类型、通告该信息的路由器地址、链路的开销以及LSA的序列号等信息。LSA序列号是指路由器用来识别所接收到的链路状态信息的新旧程度。当路由器接收到DBD数据包后，路由器将要进行以下的工作，如图6-35所示。

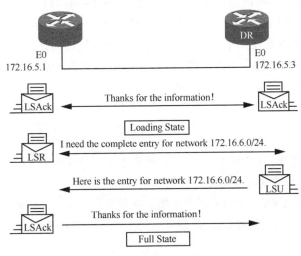

图6-35　邻居关系建立第三阶段

步骤3：检查DBD中LSA的头部序列号，我们比较路由器接收到的信息和它拥有的信息，如果DBD有一个更新的链路状态条目，那么路由器将向另一个路由器发送数据状态请求包（LSR）。发送LSR的过程被叫作"加载（Loading）"状态。另一台路由器将使用链路状态更新包（LSU）回应请求，并包含所请求条目的完整信息。当路由器收到一个LSU时，它将再一次发送LSAck包回应。

步骤4：路由器添加新的链路状态条目到它的链路状态数据库中，当给定路由器的所有LSR都得到了满意的答复时，邻接的路由器就被认为达到了同步并进入"完全"状态。路由器在能够转发数据流量之前，必须达到"完全"状态。

10. OSPF协议的路由计算

图6-36描述了通过OSPF协议计算路由的过程。

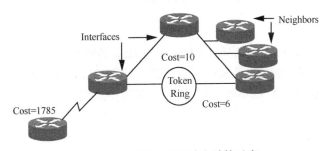

图6-36　OSPF协议的路由计算示意

① 由6台路由器组成的网络，连线旁边的数字表示从一台路由器到另一台路由器所需要的开销。为简化问题，我们假定两台路由器相互之间发送报文所需开销是相同的。

② 每台路由器都根据自己周围的网络拓扑结构生成一条 LSA（链路状态通告），并通过相互之间发送协议报文将这条 LSA 发送给网络中的其他路由器。这样每台路由器都收到了其他路由器的LSA，所有的 LSA 放在一起被称作LSDB（链路状态数据库）。显然，6台路由器的LSDB 都是相同的。

③ 由于一条 LSA 是对一台路由器周围网络拓扑结构的描述，那么 LSDB 则是对整个网络的拓扑结构的描述。路由器很容易将 LSDB 转换成一张带权的有向图，这张图便真实反映了整个网络拓扑结构。显然，6 台路由器得到的是一张完全相同的图。

④ 接下来每台路由器在图中以自己为根节点，使用SPF 算法计算出一棵最短路径树，由这棵树得到了到网络中各个节点的路由表。显然，6 台路由器各自得到的路由表是不同的。这样每台路由器都计算出了到其他路由器的路由。

大开眼界

由上面的分析可知：OSPF 协议计算出的路由有以下3个主要步骤：
① 描述本路由器周边的网络拓扑结构，并生成LSA；
② 将自己生成的LSA 在自治系统中传播，并同时收集其他路由器生成的LSA；
③ 缺省情况下，OSPF 的Cost 值是用 10^8 除以接口带宽，出接口（数据方向）Cost 累加所得。

6.4.2　OSPF 协议的配置及应用

1. 任务描述
图6-37所示为完成OSPF 协议的区域0配置任务。

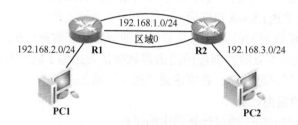

图 6-37　OSPF 协议配置拓扑

2. 任务分析
基本配置：设置Router ID；启动OSPF；宣告相应的网段。

这3个步骤是配置OSPF 的最基本步骤，其中启动OSPF 和宣告相应的网段是必需的两个步骤，而设置Router ID，则不是必须完成的，可以由系统自动配置，但最好是手工配置。

3. 实施步骤
实施步骤如图6-38所示。

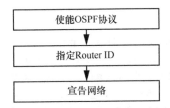

图 6-38　实施步骤

4. 关键配置

ZXR10_R1(config)#interface Loopback1

ZXR10_R1(config-if)#ip adderss 10.1.1.1 255.255.255.255

ZXR10_R1(config)#interface fei_1/1

ZXR10_R1(config-if)#ip adderss 192.168.1.1 255.255.255.0

ZXR10_R1(config)#interface fei_0/1

ZXR10_R1(config-if)#ip adderss 192.168.2.1 255.255.255.0

ZXR10_R1(config)#router ospf 10　　　　// 进入 OSPF 路由配置模式，进程号为 10

ZXR10_R1(config-router)#router-id 10.1.1.1 // 将 Loopback1 配置为 OSPF 的 router-id

ZXR10_R1(config-router)#network 192.168.1.0 0.0.0.255 area 0 // 将 192.168.1.0/24 网段加入 OSPF 骨干

域：区域 0

ZXR10_R1(config-router)# redistribute connected　　　　// 重分布直连路由

 小提示

R2 和 R1 配置类似，R2 上 Loopback1 地址设为 10.1.2.1/32。

5. 结果验证

ZXR10_R1#show ip ospf neighbor　　　// 查看 OSPF 邻居关系的建立情况

OSPF Router with ID (10.1.1.1) (Process ID 100)

Neighbor 10.1.2.1

In the area 0.0.0.0

via interface fei_1/1 192.168.1.2

Neighbor is DR

State FULL, priority 1, Cost 1

Queue count : Retransmit 0, DD 0, LS Req 0

Dead time : 00:00:37

In Full State for 00:00:35 //Full 状态表示建立成功

大开眼界

如果一台路由器没有手工配置 Router ID，则系统会从当前接口的 IP 地址中自动选一个。选择的原则为：如果路由器配置了 Loopback 接口，则优选 Loopback 接口；如果没有 Loopback 接口，则从已经 UP 的物理接口中选择接口 IP 地址最小的一个。对于该原则，大家可以自己在路由器上验证一下。由于自动选举的 Router ID 会随着 IP 地址的变化而改变，这样会干扰协议的正常运行。所以强烈建议手工指定 Router ID。

```
ZXR10_R1#show ip route
IPv4 Routing Table:
Dest          Mask            Gw            Interface      Owner   pri metric
192.168.1.0   255.255.255.0   192.168.1.1   fei_1/1        direct  0   0
192.168.1.1   255.255.255.255 192.168.1.1   fei_1/1        address 0   0
192.168.2.0   255.255.255.0   192.168.2.1   fei_0/1        direct  0   0
192.168.2.1   255.255.255.255 192.168.2.1   fei_0/1        address 0   0
192.168.3.0   255.255.255.0   192.168.1.2   fei_1/1        ospf    110 20
```

6.4.3 任务拓展

图6-39所示为完成OSPF协议的区域0配置，R1、R2、R3和R4建立OSPF邻居，能够互相学习到对方发布到同一区域的路由。

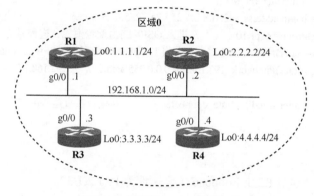

图6-39 单区域OSPF实训拓扑

知识总结

1. 路由的基本概念。
2. 路由表的构成。
3. 路由器查表转发工作流程。
4. 路由条目的分类。
5. 距离矢量路由协议——RIP工作原理。
6. 链路状态路由协议——OSPF工作原理。

思考与练习

1. 路由表由哪些部分组成，各部分的作用是什么？
2. 路由优先级的作用是什么？
3. 什么是静态路由，它有什么优点？
4. 实现VLAN间路由的方式有哪几种？
5. 请简述三层交换机的转发流程。

6. 路由表的构成有哪些？其中哪些是控制层面的、哪些是转发层面的？

7. 总结直连路由、静态路由和默认路由各自的特点。

8. OSPF 协议是哪一层的协议，有几张表？

9. OSPF 协议有几种报文类型、几种网络类型、几种路由器角色？

实践活动

你目前所在学校的校园网更适合采用何种路由协议进行配置

1. 实践目的

① 理解各路由协议的特点。

② 理解路由优先级及路由器转发流程。

2. 实践要求

学员能够深刻地理解各路由协议的原理。

3. 实践内容

① 调查校园网的组网情况。

② 规划相应的路由协议。

项目 7　常用网络技术的研究

项目引入

　　小李公司的新项目已经部署到后期了，但是客户却提出了新的需求："目前这个网络的互联互通是完成了，但还需要对内部主机上网行为做过滤策略，只允许部分用户可以访问互联网资源，其他用户不能访问外部网络"。

　　对于这个要求，小李不知道应该怎么实现，便咨询了主管。

　　小李："主管，客户对网络有新的要求，不能让所以人都上网，只允许部分人员上网，这个需求应该怎么解决呢"？

　　主管："你可以在路由器上部署ACL技术，再应用到对应的接口上就可以实现了。"

　　为了完成客户的需求，本项目介绍了访问控制列表（ACL）、NAT等网络常用技术，帮助小李实现用户提出的新需求。

学习目标

　　1. 识记：ACL、NAT、DHCP和VRRP技术的主要应用场景。
　　2. 领会：DHCP原理及应用。
　　3. 掌握：ACL、NAT实现方式。
　　4. 应用：VRRP组建高可靠性网络。

▶▶7.1　任务一：ACL技术的应用

7.1.1　预备知识

1. ACL概述
（1）ACL的定义

访问控制列表（Access Control List，ACL）是一种对经过路由器的数据流进行判断、分类和过滤的方法。

随着网络规模和网络中的流量不断扩大，网络管理员面临一个问题：如何在保证合法访问的同时，拒绝非法访问。这就需要区分路由器转发的数据包（区分出哪些是合法的流量、哪些是非法的流量），通过这种区分来过滤数据包并达到有效控制的目的。

这种包过滤技术是在路由器上实现防火墙的一种主要方式，而实现包过滤技术的最核心内容就是使用访问控制列表。

📖 大开眼界

常见的网络威胁包括不合理的安全区域规划导致的非法访问流量、非法的网络接入、不受限制的网络设备访问、计算机病毒、网络攻击等。

不合理的安全区域规划导致的非法访问流量：我们在部署企业网络边界时，必须谨慎地规划企业网络的安全区域，合理地划分安全等级。比如：在没有特殊的安全策略的条件下，企业内部网络可以任意地访问 Internet，反之则不能。如果企业提供了公共访问服务，则应该将这些服务统一、集中地部署在一个独立的安全区域中，并对该区域部署专用的访问控制策略，在不应该访问服务的前提下，对该区域执行有可能的安全加固。

非法的网络接入：在没有得到相关鉴别服务的认可下，通信点不受限制地被接入企业网络，这些通信点（如计算机、PDA）可能携带病毒或者木马程序，这将为企业网络的安全带来极大的威胁，所以必须限制非法的网络接入。

不受限制的网络设备访问：为了方便远程管理网络设备，如 Telnet、SSH，虽然 SSH 能够保障 Telnet 传输过程和传输内容的安全，但是它不能保障访问源点的身份是否合法，是否是指定的管理主机。

计算机病毒与网络攻击：计算机病毒是一个可执行的程序、代码或者脚本。计算机病毒具有很强的复制能力，它能使计算机运行性能下降，数据遭到破坏，对企业网络的信息工作造成极大地破坏和不可估计的损失。通过网络进行快速传播的网络病毒，会在企业网络中持续不断地寻找感染体，造成大量的扫描与探测流量，这些恶意流量会占据企业正常的业务网络，让业务流量的访问变得非常缓慢，甚至慢到让人无法接受的程度。网络攻击是指让某项服务失去正常的服务能力，来达到非法入侵者的某种目的的行为，如使用非法入侵者的伪装服务代替正常的服务能力、提升权限等。通常网络攻击会伴随计算机病毒的发生，常用的攻击行为有 DoS 攻击（拒绝服务攻击）、DDoS 攻击（分布式拒绝服务攻击）。在本项目中我们可以使用基于思科的 IOS 防火墙来缓解网络攻击，使用基于思科 IOS 的入侵检测与入侵防御设备来探测网络攻击。

（2）ACL 的作用

常见的 ACL 应用是指将 ACL 应用到接口上。ACL 的主要作用是根据数据包与数据段的特征判断是否允许数据包通过路由器转发，其主要目的是管理和控制数据流量。

我们还常使用 ACL 控制策略路由和特殊流量。一个 ACL 中可以包含一条或多条特定类型的 IP 数据包的规则。ACL 可以简单到只包括一条规则，也可以是复杂到包括很多规则。我们通过多条规则来定义与规则中相匹配的数据分组。

ACL 作为一个通用的数据流量的判别标准还可以和其他技术配合，并应用在不同的场合，如防火墙、QOS 与队列技术、策略路由、数据速率限制、路由策略、NAT 等。

（3）ACL分类

常用的访问控制列表有以下两种类型。

1）标准ACL

标准ACL只针对数据包的源地址信息作为过滤的标准而不能基于协议或应用来进行过滤。即它只能根据数据包的源地址进行控制，而不能基于数据包的协议类型及应用来对其进行控制。注：只能粗略地限制某一类协议，如IP。

2）扩展ACL

扩展ACL可以针对数据包的源地址、目的地址、协议类型及应用类型（端口号）等信息作为过滤的标准。即它可以根据数据包是从哪里来、到哪里去、何种协议、什么样的应用等特征来进行精确地控制。

ACL可被应用在数据包进入路由器的接口方向，也可以被应用在数据包从路由器发出的接口方向。并且一台路由器上可以设置多个ACL。但对于一台路由器的某个特定接口的特定方向上，ACL只针对某一个协议，如IP只能同时应用一个ACL。

标准ACL和扩展ACL的比较如图7-1所示。

标准ACL	扩展ACL
基于源地址过滤	基于源、目的地址过滤
允许/拒绝整个TCP/IP簇	指定特定的IP和协议号
范围为1～99	范围为100～199

图 7-1　标准 ACL 和扩展 ACL 的比较

（4）ACL工作原理

1）ACL的基本工作过程

以路由器为例说明ACL的基本工作过程。

① 当ACL被应用在路由器的出接口上时，具体工作流程如图7-2所示。

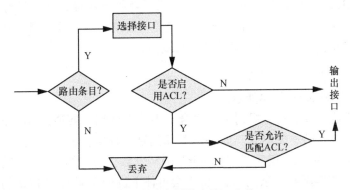

图 7-2　应用在路由器的出接口上的 ACL

首先数据包进入路由器的接口，路由器根据目的地址查找路由表，找到转发接口（如果路由表中没有相应的路由条目，路由器会直接丢弃此数据包，并给源主机发送目的不可达消息）。路由器确定外出接口后需要检查是否在外出接口上配置了ACL，如果没有配置ACL，路由器将做与外出接口数据链路层协议相同的二层封装，并转发数据。如果在外出接口上配置了ACL，路由器则要根据ACL制订的原则对数据包进行判断，如果数据包匹配了某一条ACL的判断语句并且这条语句的关键字是"Permit"，则转发数据包；如果数据包匹配了某一条ACL的判断语句并且这条语句的关键字是"Deny"，则丢弃数据包。

②当ACL应用在入接口上时，具体工作流程如图7-3所示。

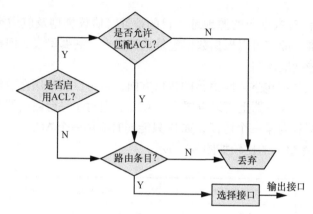

图7-3 应用于入接口的 ACL

路由器的接口收到一个数据包时，首先会检查访问控制列表，如果执行控制列表中有拒绝和允许的操作，则被拒绝的数据包将会被丢弃，允许的数据包会进入路由选择状态。路由器对进入路由选择状态的数据包再根据路由表执行路由选择，如果路由表中没有到达目标网络的路由，那么相应的数据包就会被丢弃；如果路由表中存在到达目标网络的路由，则数据包被送到相应的网络接口。

📖 小提示

以上是ACL的简单工作过程，简单地说明了数据包在经过路由器时，路由器根据访问控制列表做相应的动作来判断是被接收还是被丢弃。在安全性很高的配置中，有时还会为每个接口配置ACL来为数据做更详细地判断。

2）ACL内部的具体处理过程

ACL内部匹配规则如图7-4所示。

每个ACL都是多条语句（规则）的集合，当一个数据包要通过ACL的检查时，ACL会首先检查ACL中的第一条语句。如果匹配其判别条件则依据这条语句所配置的关键字对数据包进行操作。如果关键字是"Permit"则转发数据包，如果关键字是"Deny"则直接丢弃此数据包。当匹配到一条语句后，就不会再往下进行匹配了，所以语句的顺序很重要。

如果ACL没有匹配第一条语句的判别条件则进行下一条语句的匹配，同样如果ACL匹配判别条件则依据这条语句所配置的关键字操作数据包。如果关键字是"Permit"则转发数据包，如果关键字是"Deny"则直接丢弃此数据包。

这样的过程一直进行，一旦数据包匹配了某条判别语句则根据这条语句所配置的关键字转发或丢弃该数据包，如图7-4所示。

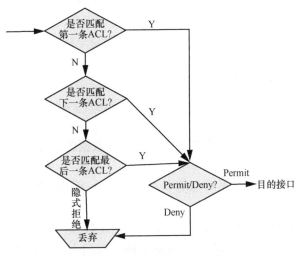

图 7-4　ACL 内部匹配规则

如果一个数据包和ACL中的任何一条语句都无法匹配则会被丢弃，因为缺省情况下每一个ACL在最后都有一条隐含的匹配所有数据包的条目，其关键字是"Deny"。

📖 **小提示**

ACL 内部的处理过程是按照自上而下的顺序执行的，直到数据包找到可以匹配的规则，然后再执行规则中的拒绝或允许的操作来转发或丢弃数据包。

3）ACL判别标准

ACL可以使用的判别标准包括源IP地址、目的IP地址、协议类型（IP、UDP、TCP、ICMP）、源端口号、目的端口号。ACL可以将这5个要素中的一个或多个要素的组合来作为判别的标准。总之，ACL可以根据IP包及TCP或UDP数据段中的信息判断数据流，即根据第三层及第四层的头部信息进行判断，ACL判别标准如图7-5所示。

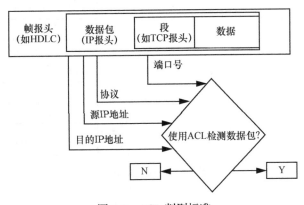

图 7-5　ACL 判别标准

（5）ACL规则

① ACL语句按照由上到下的顺序执行，数据包找到第一个匹配语句后即执行相应的允许或拒绝操作，然后此数据包将跳出ACL而不再继续匹配下面的语句。所以ACL中的语句顺序很关键，如果顺序错误则有可能结果与预期完全相反。

配置ACL时，我们应该遵循如下原则。

• 对于扩展ACL，具体的判别条目应放置在前面。

• 标准ACL可以按主机、网段、any的顺序自动排序。

② 隐含拒绝所有的条目。

末尾隐含Deny全部，即ACL中必须有明确允许数据包通过的语句，否则将没有数据包能够通过。

③ ACL可应用于IP接口或某种服务，ACL是一个通用的数据流分类与判别的工具，可以被应用到不同的场合。

④ 应用ACL之前，要先创建ACL，否则可能出现错误。

⑤ 对于一个协议，一个接口的一个方向上同一时间内只能设置一个ACL，并且ACL在接口上的方向配置很重要，如果配置错误可能不起作用。

⑥ 如果ACL既可以应用在路由器的入方向上，也可以用在出方向上，那么优先选择入方向，这样可以减少无用的流量对设备资源的消耗。

2. 通配符

路由器使用通配符与源地址或目标地址一起来分辨匹配的地址范围，通配符告诉路由器需要检查多少位IP地址。这个通配符可以只使用两个32位的号码来确定IP地址的范围，如果没有掩码，我们在每个匹配的IP客户地址中加入一个单独的访问列表语句。

通配符中，"0"位代表被检测的数据包中的地址位必须与IP地址相应位一致才满足匹配条件。而通配符中，"1"位代表被检测的数据包中的地址位不管是否与IP地址相应位一致，都满足了匹配条件，通配符的作用如图7-6所示。

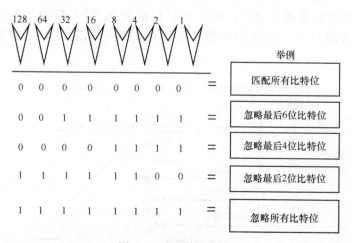

图7-6　通配符的作用

注意

通配符掩码中，0表示比较的位，1表示忽略的位。而在IP子网掩码中，数字1、0不仅用来决定网络、子网，还是相应的主机的IP地址。例如：172.16.0.0/16这个网段，使用的子网掩码为255.255.0.0。

通配符掩码中，可以用255.255.255.255表示所有IP地址，因为全为1则说明32位中所有位都无须检查，此时可用any替代。而0.0.0.0的通配符则表示所有32位都必须要进行匹配，它只表示一个IP地址，可以用host表示。

通配符指定特定地址范围172.30.16.0/24到172.30.31.0/24时，通配符该被设置成0.0.15.255，具体如图7-7所示。

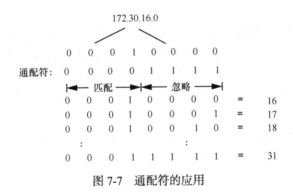

图 7-7　通配符的应用

7.1.2 ACL 的配置及应用

1. 任务描述
（1）子任务一：标准ACL配置

图7-8为标准ACL配置实例，需求是只允许两边的网络（172.16.3.0，172.16.4.0）互通。

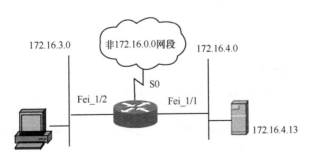

图 7-8　标准 ACL 配置实例

（2）子任务二：扩展ACL配置

图7-9所示为扩展ACL配置实例，需求是拒绝从子网172.16.4.0到子网172.16.3.0通过Fei_1/2接口出去的FTP访问流量，也允许其他所有流量通过Fei_1/2接口。

图 7-9 扩展 ACL 配置实例

2. 任务分析

（1）配置步骤

对于这两个子任务而言，ACL 的配置都应该依照以下两个步骤进行。

① 定义访问控制列表：按照要求，确定任务一使用标准 ACL，任务二使用扩展 ACL。

② 将访问控制列表应用到对应的接口上。

（2）配置要点

如果网络中有多个路由器，在配置访问控制列表时，首先，我们需要考虑在哪一台路由器上配置；其次，访问控制列表应用到接口时，我们需要选择将此访问控制列表应用到哪个物理端口，选择好了端口就能够决定应用该 ACL 的端口方向。

对于标准 ACL，由于它只能过滤源 IP 地址，为了不影响源主机的通信，一般我们将标准 ACL 放在离目的端比较近的地方。

扩展 ACL 可以精确地定位某一类的数据流，为了不让无用的流量占据网络带宽，一般我们将扩展 ACL 放在离源端比较近的地方。

3. 配置流程

配置流程图如图 7-10 所示。

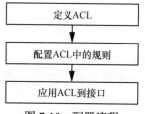

图 7-10 配置流程

4. 关键配置

① 定义标准 ACL 访问控制列表。

    ZXR10(config)#Access-list 1 permit 172.16.0.0 0.0.255.255   //配置标准 ACL 语句，允许来自指定网络 172.16.0.0/16 的数据包

    (implicit deny all - not visible in the list)   //此为隐含语句，意为拒绝全部数据包

② 定义扩展 ACL 访问控制列表。

    ZXR10(config)#Access-list 101 deny tcp 172.16.4.0 0.0.0.255 172.16.3.0 0.0.0.255 eq 21   //配置扩展 ACL 语句，含义为禁止从源端到目的端建立 FTP 连接

    ZXR10(config)#Access-list 101 deny tcp 172.16.4.0 0.0.0.255 172.16.3.0 0.0.0.255 eq 20   //配置扩展 ACL 语句，含义为禁止从源端到目的端建立 FTP 连接

    ZXR10(config)#Access-list 101 permit ip any any   //配置扩展 ACL 语句，含义为此语句允许所有数据包通过应用接口

注意

这里之所以要写两条扩展ACL语句，是因为FTP使用了两个端口号，即20和21，20端口号为数据转发端口，21端口号为控制端口。

③ 应用ACL访问列表。

```
ZXR10(config)#interface fei_1/2
ZXR10(config-if)#ip Access-group 1 out    // 将ACL应用到接口外出的方向上
```

小提示

子任务一中，ACL1只允许源地址为172.16.0.0网段的主机通过，也只配置一条标准ACL1,并且将ACL1应用在接口Fei_1/1与Fei_1/2的外出方向上，这样配置是否能实现题干的要求呢？答案是肯定的。原因是ACL末尾隐含deny全部，意味着ACL中必须有明确允许数据包通过的语句，否则将没有数据包能通过，而我们只明确允许172.16.0.0的数据通过，处于172.16.3.0与处于172.16.4.0两个网段内的主机便因此不能访问非172.16.0.0网络的主机。

5. 结果验证

为了便于ACL的维护与诊断，ZXR10网络设备提供了相关查看命令。

① 显示所有或指定表号的ACL的内容。

```
show acl [<acl-number> | <acl-name>]
```

② 查看某物理端口是否应用了ACL。

```
show access-list used [<acl-name>]
```

7.1.3　任务拓展

如图7-11所示，某公司有一台以太网交换机，服务器和部门A、部门B的用户都连接到这台交换机上。

图7-11　某公司组网

该公司现有以下规定。

部门A和部门B的用户在上班时间（9:00 ～ 17:00）不允许访问主机1和主机2，但可以随时访问主机3。

服务器的IP地址分配如下。

主机1：192.168.4.50。

主机2：192.168.4.60。

主机3：192.168.4.70。

7.2 任务二：NAT技术的实施

7.2.1 预备知识

1. NAT概述

网络地址转换（Network Address Translation，NAT）技术是一种地址映射技术，通常用于子域内具有私有IP地址的主机访问外部主机时将该主机的私有IP地址映射为一个外部唯一可识别的公用IP地址；同时，也用于将外部主机返回给内部主机的公用IP地址映射回内部主机的私有IP地址，使得返回的数据包正确到达内部目的主机。因此，NAT主要在专用网和本地企业网中使用，其中本地网络被指定为内部网，全球因特网被指定为外部网。本地网地址可以通过NAT映射到外部网中的一个或多个地址，且用于转换的外部网地址数目可以少于需要转换的本地网IP地址数目。

📖 **学习提示**

现在全世界的IPv4地址已经被宣布彻底耗尽，如果要为全世界的计算机都分配一个被公共网络认可的IP地址，这将是不可能的事情，所以RFC1918定义了一个属于私有地址的空间供企业或者家庭内部网络使用，目的在于缓解IPv4地址资源紧张的问题。

NAT对于内部主机和外部网络是透明的，NAT在内部网络和外部网络相连的接口上将内部网络发出去的数据包的源IP地址修改为外部网络可用的公用IP地址，再将外部网络返回给内部主机的数据包的目的地址修改为该主机的内部私有地址。这样，外部网络看到的该内部主机是具有公用地址的主机，但并不知道该主机是私有网络内的主机。而内部主机发出去的和收到的IP包都以其自身的私有IP地址作为源和目的地址，因此，并不用区分自己使用何种地址。

📖 **小提示**

A、B、C三类地址中大部分是在互联网上分配给主机使用的合法IP地址，其中以下这几部分为私有地址空间：

10.0.0.0 ～ 10.255.255.255；

172.16.0.0 ～ 172.31.255.255；

192.168.0.0 ～ 192.168.255.255。

私有地址可不经申请直接在内部网络中被分配使用，不同的私有网络可以有相同的私有网段。但私有地址不能直接出现在公网上，当私有网络内的主机与位于公网上的主机进行通信时，必须经过地址转换，即将私有地址转换为合法公网地址才能对外访问。

2. NAT分类

NAT工作方式主要有以下几种分类。

① 静态转换将内部网络的私有IP地址转换为公有IP地址时，IP地址对是一对一的、这是固定的，某个私有IP地址只转换为某个公有IP地址；借助静态转换，可以实现外部网络对内部网络中某些特定设备（如服务器）的访问。

② 动态转换将内部网络的私有IP地址转换为公有IP地址时，IP地址是不确定的、随机的，有被授权访问Internet的私有IP地址可随机转换为任何指定的合法IP地址；也就是说，只要指定哪些内部地址可以进行转换，以及用哪些合法地址作为外部地址，就可以进行IP地址动态转换。动态转换可以使用多个合法外部地址集，当ISP提供的合法IP地址略少于网络内部的计算机数量时，可以采用动态转换的方式。

③ 端口地址转换（Port Address Translation，PAT）：改变外出数据包的源端口并进行端口转换。内部网络的所有主机均可共享一个合法外部IP地址实现对Internet的访问，从而可以最大限度地节约IP地址资源；同时，网络内部的所有主机可隐藏，可有效避免来自Internet的攻击。因此，目前网络中应用最多的方式是端口多路复用。

3. NAT的特点

（1）NAT应用的优点

① 有效地节约Internet公网地址，所有的内部主机使用有限的合法地址都可以连接Internet。

② 地址转换技术可以有效地隐藏内部局域网中的主机，是一种有效的网络安全保护技术。

③ 地址转换可以按照用户的需要，在内部局域网为外部提供FTP、WWW、Telnet服务。

（2）NAT应用的缺点

① 使用NAT必然要引入额外的延迟。

② 丧失端到端的IP跟踪能力。

③ 地址转换隐藏了内部主机地址，有时候会使网络调试变得复杂。

4. NAT工作原理

在连接内部网络与外部公网的路由器上，NAT将内部网络中主机的内部局部地址转换为合法的可以出现在外部公网上的内部全局地址来响应外部Internet寻址，其中包括以下内容。

① 内部或外部：反映了报文的来源，内部局部地址和内部全局地址表明报文来自内部网络。

② 局部或全局：表明地址的可见范围，局部地址在内部网络中可见，全局地址则在外部网络上可见。因此，一个内部局部地址来自内部网络，且只在内部网络中可见，不需经过NAT进行转换；内部全局地址来自内部网络，但却在外部网络可见，需要经过NAT。

如图7-12所示，10.1.1.1这台主机想要访问公网上的一台主机177.20.7.3。10.1.1.1主机发送数据时的源IP地址是10.1.1.1，在通过路由器的时候将源地址由内部局部地址10.1.1.1转换成内部全局地址199.168.2.2发送出去。

从主机B回发的数据包，目的地址是主机10.1.1.1的内部全局地址199.168.2.2，在通过路由器被发向内部网时，目的地址被改为内部局部地址10.1.1.1。

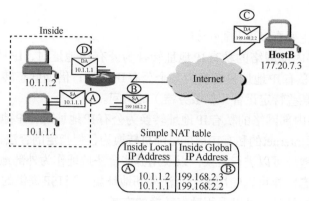

图 7-12　NAT 工作原理

7.2.2　NAT 的配置及应用

1. 任务描述

图 7-13 所示的组网中，用户均为私网地址，此时必须通过 NAT 成公网地址才能访问公网。

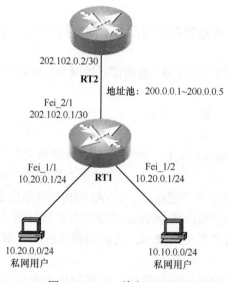

图 7-13　NAT 单出口组网

2. 任务分析

① 此任务中，私网用户使用的内部网络地址是 10.20.0.0/24 网段和 10.10.0.0/24 网段，这些网段的地址属于私有地址，可以在一个企业（局域网）内部使用，但是不能访问外网。

② 这些私有地址需通过 NAT 被转换为公有地址，才能实现用户对公网的访问。

③ 已经指定地址池为：200.0.0.1 ～ 200.0.0.5，公网地址的数量就只有 5 个，而当前私网用户的数量最多可能达到 508 个，不能实现一对一的地址转换，因此，这时我们需要进行动态一对多的 NAT 配置。

3. 配置流程

配置流程如图7-14所示。

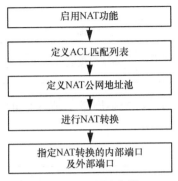

图 7-14　配置流程

4. 关键配置

RT1路由器的配置如下。

```
ip nat start    // 在全局配置模式下配置启动 NAT 功能
acl standard number 1    // 配置标准 ACL，列表号为 1，匹配从源地址网段 10.0.0.0/24、10.1.0.0/24
发出的数据包
permit 10.10.0.0 0.0.0.255
permit 10.20.0.0 0.0.0.255
ip nat pool ZTE 200.0.0.1 200.0.0.5 prefix-length 24    // 配置名为 ZTE 的地址池，将合法外部地址段
200.0.0.1 至 200.0.0.5 加入地址池
ip nat inside source list 1 pool ZTE overload    // 配置 NAT 语句，将内网的符合 ACL1 的数据包的源
地址转换为地址池 ZTE 中的地址
ip nat translation maximal default 300    // 设置用户最大会话数，或者配置内部地址允许转换的最大
条目数为 300
interface fei_2/1    // 进入接口配置模式
ip address 202.102.0.1 255.255.255.252    // 配置接口 IP 地址
ip nat outside    // 指定此接口为 NAT 的外部接口
ip route 0.0.0.0 0.0.0.0 202.102.0.2    // 配置通往 202.102.0.2 的静态路由
```

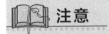 **注意**

此处静态路由的配置对NAT配置能否成功起至关重要的作用。

5. 结果验证

（1）NAT 维护命令

① show ip nat statistics。

命令格式	命令模式	命令功能
show ip nat statistics	除用户模式外所有模式	显示NAT的统计数据

该命令用于查看NAT的统计数据，显示的内容包括当前活动的NAT条目的数目（包括静态和动态规则生成条目）、最大动态NAT条目数、当前/最大内部地址数、内部和外

部端口的统计信息、NAT 成功和失败的数目、被老化掉的 NAT 条目数、被清除的 NAT 条目数等。

② show ip nat translations。

命令格式	命令模式	命令功能
show ip nat translations {*|{global <global-ip>| local <local-ip>}}	除用户模式外所有模式	显示 NAT 活动的转换条目信息

该命令用于查看当前转换条目，显示内容包括 NAT 的内部和外部地址、对于动态可重用 NAT 还包括端口转换的信息。

③ show ip nat count。

命令格式	命令模式	命令功能
show ip nat count {by-max<count>	by-used<count>	global<global-ip>	local<local-ip>}	除用户模式外所有模式	降序显示 NAT 的基于地址的统计数据

该命令用于查看 NAT 的基于地址的统计数据，显示的内容包括内部地址、当前使用数目、最大使用数目、最大使用数目限制。

④ clear ip nat translations。

命令格式	命令模式	命令功能
clear ip nat translation {*|[<global-ip><global-port><local-ip><local-port>]	list<list-number> [<interface-name>]	{global <global-ip>| local <local-ip>}}	特权	清除 NAT 条目

该命令结合不同的参数，可以用来清除指定范围的 NAT 条目。

使用 clear ip nat translations 命令可以清除当前所有用户的会话数。该命令要谨慎使用，因为使用该命令，所有用户的连接会全部中断。

（2）日常维护诊断

系统当前最大可用的动态转换条目数可以通过 IP 资源池中的 Global IP 数进行大致计算，一般一个 IP 地址对应大约 60000 个转换条目，为了确保网上银行、支付宝等识别源 IP 业务的稳定运行，建议地址池中的地址个数设置为 14～30 个，确保用户转换会话数量非常多的时候，每个公网地址有足够的资源可以应付。

开局时一般限制每个用户转换的条目数，这个设置是为了保护设备，在用户流量出现异常时，该设置也可以起到保护设备 CPU 的功能。

📖 注意

对于一般上网用户，100～200 个转换条目是足够的，对于一些大客户或者校园网用户，该限制可以适当放宽，根据实际情况调节建议在 300～600 之间；如果用户数量较少（<2000），那么数目设置区间相应大一些，即 500～600；如果用户数超过 2000，建议将其设置为 200～400。

我们使用show ip nat statistics命令查看当前动态的NAT的转换条目时，如果其数量接近或者等于最大的可用条目数，说明NAT资源不足，那么用户上网可能会受到影响。

（3）NAT资源不足的几种情况

① 网络规模扩张，用户量增大导致的NAT资源不足。

这种情况下，我们通常可以从show ip nat statistics中看出本地用户数量已经大于以前的数量，而地址池的数量还是以前的数量。

建议措施如下：扩充地址池，结合网络情况降低调整一些应用的老化时间，设备扩容。

② 本地用户数正常，用户流量异常导致NAT资源不足。

如果我们发现用户量有限，而NAT条目骤增，这种情况可能是用户流量异常导致三层流保障。此时，我们使用show ip nat count by-used/by-max查看用户的当前、历史NAT条目是否存在异常，如果某个用户的条目明显大于其他，肯定是该用户流量有问题（可能是出于用户中毒，用户使用BT下载等工具，用户私设置代理导致实际用户量明显大于现有用户量等原因）。

建议措施如下。

• 用户杀毒，同时用户端口设置ACL禁掉一些病毒端口，包括ICMP等。

• 使用ip nat translation maximal命令对每个用户的最大会话数进行限制，这样设置后对使用量较高的这些用户会有影响，但是这保证了其他大部分用户正常使用业务。具体数值会受到用户种类和网络资源实际情况的限制，我们可以参考平时使用show ip nat count命令查看的内容具体如下：

• 调整老化时间；

• 整改非法代理；

• 扩充地址池。

紧急情况下，对于个别严重异常的用户影响其他用户上网的情况，我们可以使用clear ip nat local命令清除用户的NAT的转换条目。

对于个别软件出现的异常，我们可认为是由于老化时间设置不正确所致，此时我们需要尽可能调查清楚该应用的协议端口号，有选择地调整端口号的老化时间，不要笼统地调整所有TCP或者UDP的老化时间，否则可能影响其他业务，造成NAT资源枯竭或者用户上网异常等现象出现。

7.2.3 任务拓展

如图7-15所示，对于私有网络用户而言，只有路由器外部端口拥有唯一合法IP地址，其要求通过PAT进行地址转换，使主机能够在私有网络上访问Internet。

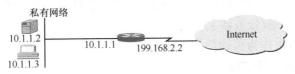

图 7-15 PAT 端口地址转换拓扑示意

7.3 任务三：DHCP的配置应用

7.3.1 预备知识

1. DHCP概述

在常见的小型网络中（例如家庭网络和学生宿舍网络），网络管理员通常采用手工分配IP地址的方法，而大型网络中往往有超过100台的客户端，手动分配IP地址的方法就不太合适了。因此，我们必须引入一种高效的IP地址分配方法，DHCP为我们解决了这一难题。

（1）DHCP的定义

DHCP（Dynamic Host Configuration Protocol，动态主机分配协议）是用来动态分配IP地址的协议，是基于UDP之上的应用，DHCP能够让网络上的主机从一个DHCP服务器上获得一个可以让其正常通信的IP地址以及相关的配置信息。

📖 大开眼界

DHCP的以前版本是BOOTP（Bootstrap Protocol），要理解DHCP，就不得不说明一下BOOTP。BOOTP比DHCP出现得更早，与DHCP一样提供类似的服务，用于网络早期的无盘工作站情况，无盘工作站基本上已经退出应用市场了，如果我们想知道哪还能看到它的影子，那就是超市和商场所用的收银机。BOOTP的功能就是为这些无盘终端自动地分配IP地址、子网掩码、默认网关、DNS地址。

由于DHCP的出现，BOOTP逐渐被替代，因为DHCP有更完善、更安全的工作机制，能够提供更灵活的IP地址分配方式，能够为客户端自动配置更多TCP/IP参数。更具体地讲，BOOTP在分配IP地址时，IP地址和请求主机的MAC地址必须被预置到BOOTP服务器上，如果在BOOTP客户端发来的IP地址请求消息中，请求主机的源MAC地址在BOOTP服务器上有记录，并对应了一个IP地址，那么BOOTP服务器将把对应的IP地址发给BOOTP客户端；如果没有对应的记录存在，那么请求会话将失败，这是BOOTP缺乏灵活性的一种典型表现。此外，DHCP支持发放IP地址的"租约"机制，但是BOOTP不支持。

（2）DHCP的特点

DHCP的主要特点如下：

① 整个IP分配过程自动实现，在客户端上，除了将DHCP选项打钩外，无须做任何IP环境设定，如图7-16所示；

② 所有的IP地址参数（IP地址、子网掩码、缺省网关、DNS）都由DHCP服务器统一管理；

③ 基于C/S（客户端/服务器）模式；

④ DHCP采用UDP作为传输协议，主机发送消息到DHCP服务器的67号端口，服务器返回消息给主机的68号端口；

⑤ DHCP的安全性较差，服务器容易受到攻击。

图 7-16　自动获取 IP 地址

注意

DHCP服务器可以是主机、路由器或交换机。

2. DHCP原理

（1）DHCP的组网方式

DHCP采用客户端/服务器体系结构，客户端靠发送广播的方式来寻找DHCP服务器，即向地址255.255.255.255发送特定的广播信息，服务器收到请求后进行响应。而路由器默认情况下是隔离广播域的，对此类报文不予处理，因此DHCP的组网方式分为同网段组网和不同网段组网两种，如图7-17和图7-18所示。

图 7-17　同网段的组网方式

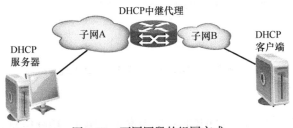

图 7-18　不同网段的组网方式

当DHCP服务器和客户端不在同一个子网时，充当客户端主机默认网关的路由器必须将广播包发送到DHCP服务器所在的子网，这一功能被称作DHCP中继（DHCP Relay）。标准的DHCP中继功能相对来说比较简单，只是重新封装、续传DHCP报文。

（2）DHCP的工作过程

1）发现阶段

如图7-19所示，DHCP客户端以广播方式（因为DHCP服务器的IP地址对于客户端来说是未知的）发送DHCP Discover信息来寻找DHCP服务器，即向地址255.255.255.255发送特定的广播信息。网络上每一台安装了TCP/IP的主机都会接收到这种广播信息，但只有DHCP服务器才会做出响应。

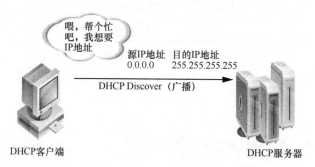

图7-19　DHCP客户端发现DHCP服务器

2）提供阶段

如图7-20所示，网络中接收到DHCP Discover信息的DHCP服务器都会做出响应，它从尚未出租的IP地址中挑选一个地址并将其分配给DHCP客户端，向DHCP客户端发送一个包含出租的IP地址和其他设置的DHCP Offer信息。

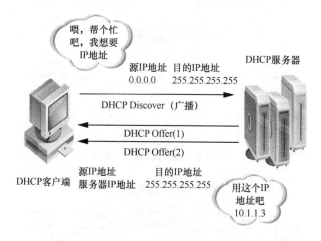

图7-20　DHCP服务器提供IP地址

3）选择阶段

如果有多台DHCP服务器向DHCP客户端发来DHCP Offer信息，则DHCP客户端只接受第一个收到的DHCP Offer信息，然后它就以广播方式回答一个DHCP Request信息，该信息中包含向它所选定的DHCP服务器请求IP地址的内容，如图7-21所示。之所以要以广播方式回答，是为了通知所有的DHCP服务器。

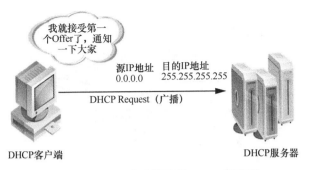

图 7-21　DHCP 客户端选择 DHCP 服务器

4）确认阶段

如图 7-22 所示，当 DHCP 服务器收到 DHCP 客户端回答的 DHCP Request 信息之后，它便向 DHCP 客户端发送一个包含它所提供的 IP 地址和其他设置的 DHCP Ack 信息，告诉 DHCP 客户端可以使用它所提供的 IP 地址。然后 DHCP 客户端便将其 TCP/IP 与网卡绑定，另外，除 DHCP 客户端选中的服务器外，其他的 DHCP 服务器都将收回曾提供的 IP 地址。

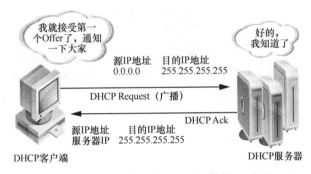

图 7-22　DHCP 服务器确认所提供的 IP 地址

5）重新登录

以后，DHCP 客户端每次重新登录网络时，就不需要再发送 DHCP Discover 信息了，而是直接发送包含前一次所分配的 IP 地址的 DHCP Request 信息。当 DHCP 服务器收到这一信息后，它会尝试让 DHCP 客户端继续使用原来的 IP 地址，并回答一个 DHCP Ack 信息。如果此 IP 地址已无法再被分配给原来的 DHCP 客户端使用（比如此 IP 地址已被分配给其他 DHCP 客户端使用），此时，DHCP 服务器给 DHCP 客户端回答一个 DHCP NAck 信息；当原来的 DHCP 客户端收到此 DHCP NAck 信息后，它就必须重新发送 DHCP Discover 信息来请求新的 IP 地址。

6）更新租约

DHCP 服务器向 DHCP 客户端出租的 IP 地址一般都有一个租借期限，期满后 DHCP 服务器便会收回出租的 IP 地址。如果 DHCP 客户端要延长其 IP 租约，则必须更新该 IP 租约。DHCP 客户端启动时和 IP 租约期限过一半时，DHCP 客户端都会自动向 DHCP 服务器发送更新其 IP 租约的信息，如图 7-23 所示。

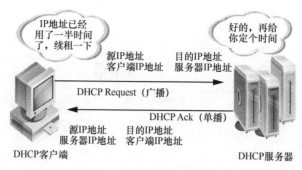

图 7-23　IP 租约过半时续约过程

请求成功即客户端收到 DHCP 服务器发送的 DHCP Ack 报文，则租期相应向前延长；如果失败即没有收到 DHCP Ack 报文，则客户端继续使用这个 IP 地址。在使用租期过去 87.5% 时刻处，DHCP 客户端会再次向 DHCP 服务器发送广播 DHCP Request 报文更新其 IP 租约的信息，如图 7-24 所示。

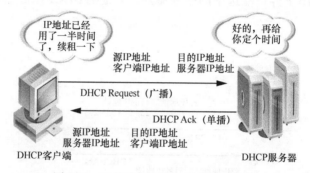

图 7-24　IP 租约过 87.5% 时的续约过程

📖 小提示

DHCP 服务器如何知道给客户端分配哪个网段的 IP 地址呢？

DHCP 服务器收到 DHCP 请求报文后，将会首先查看协议报文"giaddr"字段（"中继代理 IP 地址"字段）是否为 0，如果不为 0，就会根据此 IP 地址所在网段从相应地址池中为客户端分配 IP 地址，并且把响应报文直接单播给这个"中继代理 IP 地址"指定的 IP 地址 DHCP 中继，且 UDP 的目的端口号应为 67，而不是 68；如果为 0，则 DHCP 服务器认为客户端与自己在同一子网中，将会根据自己的 IP 地址所在网段从相应地址池中为客户端分配 IP 地址。

（3）DHCP 报文

DHCP 采用客户端—服务器方式进行交互，其报文格式共有 8 种，由报文中"DHCP message type"字段的值来确定，后面括号中的值即为相应类型的值，具体含义如下：

① DHCP_Discover 报文是客户端开始 DHCP 过程的第一个报文；

② DHCP_Offer 报文是服务器对 DHCP_Discover 报文的响应；

③ DHCP_Request报文是客户端开始DHCP过程中对服务器的DHCP_Offer报文的回应，或者是客户端续延IP地址租期时发出的报文；

④ DHCP_Decline报文是当客户端发现服务器分配给其的IP地址无法使用时（如IP地址冲突时）发出的报文，此报文的目的是通知服务器禁止使用IP地址；

⑤ DHCP_Ack报文是服务器对客户端的DHCP_Request报文的确认响应报文，客户端收到此报文后，才真正获得了IP地址和相关的配置信息；

⑥ DHCP_NAck报文是服务器对客户端的DHCP_Request报文的拒绝响应报文，客户端收到此报文后，一般会重新开始新的DHCP过程；

⑦ DHCP_Release报文是客户端主动释放服务器分配给其IP地址的报文，当服务器收到此报文后，就可以回收这个IP地址，并可将其分配给其他的客户端；

⑧ DHCP_Inform报文是客户端已经获得了IP地址后发送的报文，其只是为了从DHCP服务器处获取一些其他的网络配置信息，如DNS等，这种报文的应用报文非常少见。

DHCP是初始化协议，简单地说，就是让终端获取IP地址的协议。既然终端连IP地址都没有，何以发出IP报文呢？服务器给客户端回送的报文该怎么封装呢？为了解决这个问题，DHCP报文的封装采取了如下措施。

① 首先，链路层的封装必须以广播形式，即让在同一物理子网中的所有主机都能够收到这个报文。在以太网中，这表现为目的MAC地址全为1。

② 由于终端没有IP地址，IP头中的源IP地址规定应为0.0.0.0。

③ 当终端发出DHCP请求报文时，它并不知道DHCP服务器的IP地址，因此IP头中的目的IP地址应为子网广播IP地址——255.255.255.255，这是为了保证DHCP服务器不丢弃这个报文。

④ 上面的措施保证了DHCP服务器能够收到终端发送的请求报文，但仅凭链路层和IP层信息，DHCP服务器无法区分DHCP报文，因此终端发出的DHCP请求报文的UDP层中源端口号为68，目的端口号为67，DHCP服务器通过知名端口号67来判断一个报文是否为DHCP报文。

⑤ DHCP服务器发给终端的响应报文将会根据DHCP报文中的内容决定是被广播还是单播，一般都是广播形式。广播封装时，链路层的封装必须是广播形式，在以太网中，表现为目的MAC地址全为1，IP头中的目的IP地址为广播IP地址——255.255.255.255；单播封装时，链路层的封装为单播形式，在以太网中，表现为目的MAC地址为终端的网卡MAC地址。IP头中的目的IP地址应为有限的子网广播IP地址——255.255.255.255或是即将被分配给用户的IP地址（当终端能够接收这样的IP报文时）。两种封装方式中UDP层都是相同的，源端口号为67，目的端口号为68，终端通过知名端口号68来判断一个报文是否为DHCP服务器的响应报文。

3. DHCP中继原理

由于DHCP报文都采用广播方式，因此，其无法穿越多个子网，当DHCP报文需穿越多个子网时，就要有DHCP中继存在，DHCP中继过程如图7-25所示。DHCP中继可以是路由器，也可以是一台主机，总之，在具有DHCP中继功能的设备中，所有具有67UDP目的端口号的局部传递的UDP信息，都被认为是要经过特殊处理的，所以，DHCP中继要监听UDP目的端口号为67的所有报文。

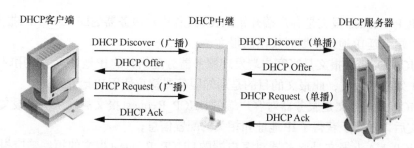

图 7-25　DHCP 中继过程

　　当 DHCP 中继收到目的端口号为 67 的报文时,它必须检查"中继代理 IP 地址"字段的值,如果这个字段的值为 0,则 DHCP 中继会将接收到的请求报文的端口 IP 地址填入此字段,如果该端口有多个 IP 地址, DHCP 中继会挑选其中的一个并持续用它传播全部的 DHCP 报文;如果这个字段的值不为 0,则这个字段的值不能被修改,也不能被填充为广播地址。在这两种情况下,报文都将被单播到新的目的地(或 DHCP 服务器),当然这个目的地(或 DHCP 服务器)是可以被配置的,从而可实现 DHCP 报文穿越多个子网的目的。

　　当 DHCP 中继发现报文是 DHCP 服务器的响应报文时,它也应当检查"中继代理 IP 地址"字段的值、"客户端硬件地址"字段的值等,这些字段给 DHCP 中继提供了足够的信息方便其将响应报文传送至客户端。

　　DHCP 服务器收到 DHCP 请求报文后,首先会查看"giaddr"字段是否为 0,如不为 0,则会根据此 IP 地址所在网段从相应地址池中为客户端分配 IP 地址;若为 0,则认为客户端与自己在同一子网中,将会根据自己的 IP 地址所在网段从相应地址池中为客户端分配 IP 地址。

7.3.2　DHCP 的配置及应用

1. 任务描述

如图 7-26 所示,按下列要求完成配置。

图 7-26　DHCP 应用

　　① 在本任务中, RT1 配置为 DHCP 服务器,我们首先需完成 DHCP 服务器的配置。

　　② SW1 需创建 VLAN10 和 VLAN20,部门 A 和部门 B 分别属于 VLAN 10 和 VLAN 20,且它们的缺省网关分别为 192.168.10.254/24 和 192.168.20.254/24。

③ SW1作为DHCP的中继，我们还需完成DHCP中继的配置。

④ RT1的回环接口地址1.1.1.1为DHCP服务器的地址，其掩码为255.255.255.0。

⑤ 部门A的用户能自动获取192.169.10.x/24网段的地址，部门B的用户能自动获取192.168.20.x/24网段的地址。

2. 任务分析

① 在RT1上配置两个地址池。

② 在SW1上配置DHCP服务器地址为RT1的回环接口地址1.1.1.1。

③ 在RT1上添加到用户网段的路由，在SW1上添加目的地址为1.1.1.1的路由。

3. 配置流程

DHCP服务器配置流程如图7-27所示。

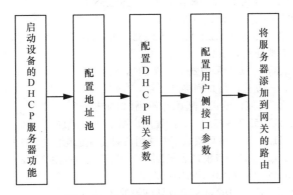

图 7-27　DHCP 服务器配置流程

DHCP服务器的配置主要有以下几个步骤：

① 启动DHCP服务器功能；

② 配置地址池；

③ 配置DHCP相关参数，如DNS地址等；

④ 配置用户侧接口IP地址；

⑤ 在用户侧接口上配置用户缺省网关；

⑥ 在用户侧接口上配置地址池；

⑦ 将服务器添加到网关的路由。

DHCP中继配置流程如图7-28所示。

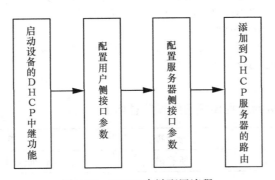

图 7-28　DHCP 中继配置流程

DHCP中继的配置主要有以下几个步骤：

① 启动设备的DHCP中继功能；

② 配置用户侧接口IP地址；

③ 在用户侧接口配置DHCP服务器代理地址；

④ 在用户侧接口配置DHCP服务器地址；

⑤ 在服务器侧配置接口参数。

⑥ 添加到DHCP服务器的路由。

4. 主要配置

RT1的配置如下。

```
ip dhcp server enable        // 全局模式下启动 DHCP 服务器功能
ip local pool ZTE1 192.168.10.1 192.168.10.253 255.255.255.0
           // 全局模式下配置 IP 地址池 ZTE1
ip local pool ZTE2  192.168.20.1 192.168.20.253 255.255.255.0
// 全局模式下配置 IP 地址池 ZTE2
ip dhcp server dns 8.8.8.8    // 全局模式下配置 DNS
interface fei_1/1            // 进入用户侧接口
user-interface              // 接口模式下配置用户侧接口标志
ip address 192.168.0.253 255.255.255.0  // 配置用户侧接口 IP 地址
peer default ip pool ZTE1      // 接口模式下配置用户侧接口上地址池 ZTE1
peer default ip pool ZTE2    // 接口模式下配置用户侧接口上地址池 ZTE2
ip route 192.168.10.0  255.255.255.0  192.168.0.254
// 全局模式下添加到目的网段 192.168.10.x/24 网段的路由
ip route 192.168.20.0  255.255.255.0  192.168.0.254
// 全局模式下添加到目的网段 192.168.20.x/24 网段的路由
```

SW1的配置（作为DHCP中继）如下。

```
ip dhcp relay enable    // 全局模式下启动 DHCP 中继功能
interface vlan 2    // 配置用户侧接口 IP 地址
ip address 192.168.0.254 255.255.255.0    // 配置服务器侧接口 IP 地址
interface vlan 10    // 进入用户侧接口
ip address 192.168.10.254 255.255.255.0  // 配置用户侧接口 IP 地址
ip dhcp  relay agent 192.168.10.254    // 配置接口的 DHCP 服务器代理地址
ip dhcp relay server 1.1.1.1    // 配置接口的 DHCP 服务器地址
interface vlan 20    // 进入用户侧接口
ip address 192.168.20.254  255.255.255.0  // 配置用户侧接口 IP 地址
// 配置接口的 DHCP 服务器代理地址，即为部门 B 用户的网关
ip dhcp relay agent 192.168.20.254
ip dhcp relay server 1.1.1.1    // 配置接口的 DHCP 服务器地址
ip route 1.1.1.0 255.255.255.0 192.168.0.253
```

5. 结果验证

① 显示DHCP服务器进程模块的配置信息如下。

命令格式	命令模式	命令功能
show ip dhcp server	所有模式	显示DHCP服务器进程模块的配置信息

显示信息如下。

```
zxr10#show ip dhcp server
dhcp server configure information
        current dhcp server state :enable(running)
        available dns for Client.master: 1.1.1.1 slave:
        lease time of ip address: 3600 seconds
update arp state : disable
```

通过该命令，我们可以看到DHCP服务器的基本配置，如给用户提供的DNS、IP地址租用时间等。

② 查看DHCP服务器进程模块的当前在线用户列表如下。

命令格式	命令模式	命令功能
show ip dhcp server user	所有模式	查看DHCP服务器进程模块的当前在线用户列表

显示信息如下。

```
zxr10#show ip dhcp server user
Current online users are 1.
Index MAC addr    IP addr        State  Interface    Expiration
1     0011.25D3.3995 10.10.3.3     BOUND  vlan10       22:22:41 03/28/2006
```

通过该命令，我们可以看到当前具体的用户、MAC地址与分配的IP地址的对应关系。

③ 显示DHCP中继进程模块的配置信息如下。

命令格式	命令模式	命令功能
show ip dhcp relay	所有模式	显示DHCP中继进程模块的配置信息

④ 显示配置的本地地址池信息如下。

命令格式	命令模式	命令功能
show ip local pool [<pool-name>]	所有模式	显示配置的本地地址池信息

⑤ 显示接口相关的DHCP服务器/中继的配置信息如下。

命令格式	命令模式	命令功能
show ip interface <interface-name>	所有模式	显示接口相关的DHCP服务器/中继的配置信息

显示信息如下。

```
zxr10#show ip interface vlan10
vlan10  AdminStatus is up, PhyStatus is up, line protocol is up
  Internet address is 10.10.2.2/24
  Broadcast address is 255.255.255.255
  MTU is 1500 bytes
  ICMP unreachables are always sent
  ICMP redirects replies are always sent
  ARP Timeout: 00:05:00
  DHCP access user-interface
  gateway of DHCP server is 10.10.3.2
     DHCP relay forward-mode is default(standard)
```

我们可以通过debug ip dhcp命令跟踪DHCP服务器/中继进程的收发包情况和处理情况。

命令格式	命令模式	命令功能
debug ip dhcp	特权	打开DHCP的调试开关

7.3.3　任务拓展

如图7-29所示，请按如下要求完成配置：

① RT1为DHCP服务器，为VLAN 10分配192.168.10.0/24网段的IP地址，为VLAN 20分配192.168.20.0/24网段的IP地址，DNS为8.8.8.8；

② SW1上配置VLAN 10和VLAN 20的网关，并中继服务器地址为RT1的回环口；

③ 实现部门A与部门B的用户能访问RT2的目的。

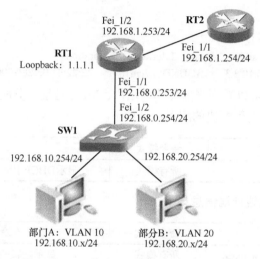

图7-29　DHCP服务器和DHCP中继实例

▶▶7.4　任务四：VRRP的部署

7.4.1　预备知识

1. VRRP概述

随着Internet的发展，人们对网络的可靠性的要求越来越高，特别是对于终端用户来说，能够时刻与网络其他部分保持联系是非常重要的。

通常情况下，内部网络中的所有主机都被设置一条相同的缺省路由，指向出口网关（即图7-30中的RouterA），其用于实现主机与外部网络的通信。当出口网关发生故障时，主机与外部网络的通信就会中断。

配置多个出口网关是提高系统可靠性的常见方法，但局域网内的主机设备通常不支持动态路由协议，如何在多个出口网关之间选路成为一个问题。

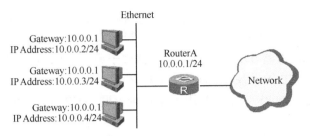

图 7-30 单出口网络

IETF 推出了 VRRP（Virtual Router Redundancy Protocol，虚拟路由器冗余协议）来解决局域网主机访问外部网络的可靠性问题。VRRP 是一种容错协议，它通过把几台路由设备联合组成一台虚拟的路由设备，加之一定的机制来保证当主机的下一跳路由器出现故障时，业务可以被切换到其他路由器，从而实现通信的连续性和可靠性。

和其他方法比较起来，VRRP 配置简单、管理方便。它既不需要改变组网情况，也不需要在主机上配置任何动态路由协议或者路由发现协议，只需要在相关路由器上进行简单配置，就可以获得更高可靠性的缺省路由。

📖 注意

VRRP 描述了一个选举协议，用于动态地从一组 VRRP 路由器中选举一个主路由器，并关联到一个虚拟路由器，将其作为所连接网段的默认网关。被选举出来关联到一个虚拟路由器的 IP 地址的 VRRP 路由器被称作 Master 路由器，Master 路由器转发发往虚拟路由器地址的数据包。当 Master 路由器出现故障，VRRP 从其他的 VRRP 路由器中重新选举一个 Master 路由器，转发发往虚拟路由器地址的数据包。使用 VRRP 的好处是对于主机来说，默认网关的可靠性大大提高了。

作为提供可靠性的容错协议，VRRP 具有如下特点。

① 路由器备份：VRRP 最重要的功能，该功能将路由器故障引起的网络中断的持续时间最小化。

② 负载分担：通过建立多个备份组的方式对网络流量进行负载分担。

③ 选路径确定：VRRP 通过优先级高低、设置抢占方式的方法来选举 Master 路由器。

④ 网络开销小：当 Master 路由器选好后，除了 Master 路由器定时发送的 VRRP 组播报文，Master 路由器和 Backup（备份）路由器之间没有多余的通信。

⑤ 状态转换次数最小化：任何优先级低或相等的 Backup 路由器不能发起状态转换，这样 Master 路由器可以持续稳定地工作。

⑥ 可扩展的安全性：对于安全程度不同的网络环境，可以在报头上设定不同的认证方式和认证字，任何没有通过认证的报文将被丢弃。

⑦ 封装方式简单：报文封装在 IP 报文中，协议号是 112。

2. 与 VRRP 相关的一些基本概念

在介绍 VRRP 的工作机制以前，我们先介绍一些与 VRRP 相关的基本概念。

① VRRP 组：又称虚拟路由器或备份组，指一组相同 VRRP ID、相同虚拟地址、工作

在同一局域网的路由器。一个VRRP组至少应包含两台设备，在同一时间，只可能有一台设备处于Master状态，承担报文转发功能，其余设备均处于Backup状态。

② VRID：虚拟路由器ID，用来标识路由器属于哪个VRRP组。在同一个以太网广播域中，具备相同的VRID的设备属于同一个VRRP组。

③ 虚拟IP地址：VRRP组成员共用的IP地址，同一VRRP组的虚拟IP地址可以是一个或多个，由用户配置。

④ IP地址拥有者：如果虚拟IP地址与接口的实际IP地址相同，则该接口为IP地址拥有者。

⑤ 虚拟MAC地址：VRRP组成员根据VRRP ID生成的MAC地址，同一个VRRP组生成的虚拟MAC地址必定相同；一个虚拟路由器拥有一个虚拟MAC地址，格式为00-00-5E-00-01-{VRID}；虚拟路由器回应ARP请求时，使用虚拟MAC地址，而不是接口的真实MAC地址。

⑥ VRRP组成员优先级：每个VRRP组成员都具备一个成员优先级，取值范围为0～255（数值越大表明优先级越高），缺省值是100，可配置的范围是1～254，0为系统保留作特殊用途，255则保留给IP地址拥有者。VRRP组根据成员优先级的高低来确定备份组成员的主从状态。备份组中优先级最高的成员将成为Master路由器，当优先级相同时，备份组将会比较接口的主IP地址。

⑦ 通告间隔：Master路由器发送VRRP组播报文的时间间隔，缺省为1秒，用户可修改。

⑧ 抢占模式：在抢占模式下，如果Backup路由器的优先级比当前Master路由器的优先级高，其将主动将自己升级成Master路由器，缺省情况下是抢占模式。

3. VRRP基本原理

VRRP将局域网的一组路由器构成一个备份组，相当于一台虚拟路由器。局域网内的通过主机只需要知道这个虚拟路由器的IP地址，并不需要知道备份组内某台具体设备的IP地址，将网络内主机的缺省网关设置为该虚拟路由器的IP地址，主机就可以利用该虚拟网关与外部网络进行通信。

VRRP将该虚拟路由器动态关联到承担传输业务的物理路由器上，当该物理路由器出现故障时，系统再次选择新路由器来接替业务传输工作，整个过程对用户完全透明，实现了内部网络和外部网络的不间断通信。

如图7-31所示，虚拟路由器的组网环境如下。

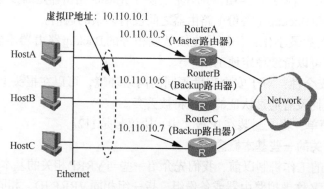

图7-31　VRRP选举虚拟路由器

　　RouterA、RouterB和RouterC属于同一个VRRP组，组成一个虚拟的路由器，这个虚拟路由器有自己的IP地址10.110.10.1。虚拟IP地址可以直接被指定，也可以通过借用该VRRP组所包含的路由器上某接口地址获得。物理路由器——RouterA、RouterB和RouterC的实际IP地址分别是10.110.10.5、10.110.10.6和10.110.10.7。局域网内的主机只需要将缺省路由设为10.110.10.1即可，无须知道具体路由器上的接口地址。

　　主机利用该虚拟网关与外部网络通信，路由器工作机制如下。

　　① 根据优先级的大小挑选Master路由器。Master路由器的选举过程分两个步骤：比较优先级的大小，优先级高者当选为Master路由器；当优先级大小一样时，比较接口IP地址大小，接口IP地址大者当选为Master路由器。

　　② 其他路由器作为Backup路由器，随时监听Master路由器的状态。

　　当Master路由器正常工作时，它会每隔一段时间（Advertisement_Interval）发送一个VRRP组播报文，以通知组内的Backup路由器，自己处于正常工作状态。

　　当组内的Backup路由器一段时间（Master_Down_Timer）内没有接收到来自Master路由器的报文时，则将自己转为Master路由器。一个VRRP组里有多台Backup路由器时，短时间内可能产生多个Master路由器，此时，路由器将会将收到的VRRP报文中的优先级与本地优先级进行比较，从而选取优先级高的设备作为Master路由器。

　　从上述分析可以看到，主机不需要增加额外工作，与外界的通信也不会因某台路由器故障而受到影响。

4. VRRP报文结构

　　VRRP只有一种报文，即VRRP报文，其通过组播方式进行发送，其也是Master路由器定时向其他成员发送的组播报文。当Master路由器正常工作时，它会每隔一段时间（缺省为1秒）发送一个VRRP组播报文，以通知组内的Backup路由器，自己处于正常工作状态。

　　在IP报文头中，源地址为发送报文的主接口地址（不是虚拟地址或辅助地址），目的组播地址是224.0.0.18，代表所有VRRP路由器，报文的TTL是255，协议号是112。VRRP报文结构如图7-32所示。

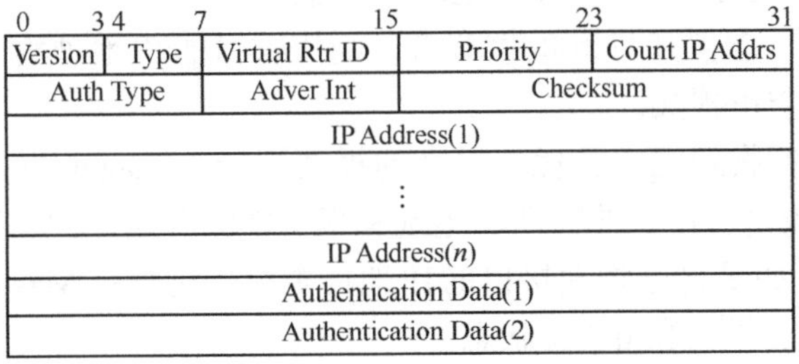

Version	Type	Virtual Rtr ID	Priority	Count IP Addrs
Auth Type		Adver Int	Checksum	
IP Address(1)				
⋮				
IP Address(n)				
Authentication Data(1)				
Authentication Data(2)				

图7-32　VRRP报文结构

各字段的含义如下。

① Version：协议版本号，现在的VRRP为版本2。

② Type：报文类型，只有一种取值（1），表示Advertisement。

③ Virtual Rtr ID（VRID）：虚拟路由器号，取值为1～255。

④ Priority：优先级（0～255），0表示路由器停止参与VRRP，用来使Backup路由器

尽快成为Master路由器，而不必等到计时器超时，255则保留给IP地址拥有者，默认值是100。

⑤ Count IP Addrs：配置的备份组虚拟地址个数（一个备份组可对应多个虚拟地址）。

⑥ Auth Type：验证类型，协议中指定了三种类型，0—— No Authentication，1——Simple Text Password，2——IP Authentication Header。

⑦ Adver Int：发送通告报文的时间间隔，缺省为1秒。

⑧ Checksum：校验和。

⑨ IP Address(*n*)：配置的备份组虚拟地址的列表（一个备份组可支持多个地址）。

⑩ Authentication Data：验证字，目前只有明文认证才用到该部分，对于其他认证方式，一律填0。

注意

VRRP报文只能通过Master路由器发送，Backup路由器只是监控VRRP报文。

5. VRRP状态机

VRRP中定义了三种状态机：初始状态（Initialize）、活动状态（Master）、备份状态（Backup）。其中，只有活动状态设备才可以处理到虚拟IP地址的转发请求。

（1）Initialize状态

设备启动时进入此状态，当收到接口Startup的消息，设备将转入Backup或Master状态（虚拟IP地址拥有者的接口优先级为255，直接转为Master）。在此状态时，设备不会对VRRP报文进行任何处理。

（2）Master状态

当路由器处于Master状态时，它将会做下列工作：

① 定期发送VRRP报文；

② 以虚拟MAC地址响应对虚拟IP地址的ARP请求；

③ 转发目的MAC地址为虚拟MAC地址的IP报文。

如果路由器是这个虚拟IP地址的拥有者，则接收目的IP地址为这个虚拟IP地址的IP报文；否则，丢弃这个IP报文。

Master状态下设备收到比自己优先级大的报文则转为Backup状态；收到优先级和自己相同的报文，则比较自己接口的物理IP地址和报文中的源地址，如果报文中的源地址大，则转为Backup状态，如果自己物理接口的IP地址更大，则保持Master状态；当接收到接口的Shutdown事件时，转为Initialize状态。

（3）Backup状态

当路由器处于Backup状态时，它将会做下列工作：

① 接收Master路由器发送的VRRP报文，判断Master路由器的状态是否正常；

② 对虚拟IP地址的ARP请求，不做响应；

③ 丢弃目的MAC地址为虚拟MAC地址的IP报文；

④ 丢弃目的IP地址为虚拟IP地址的IP报文。

Backup状态下设备如果收到比自己优先级小的报文，则丢弃报文，不重置定时器；如果收到优先级和自己相同的报文，则重置定时器，不进一步比较IP地址。当处于Backup状态的设备接收到MASTER_DOWN_TIMER定时器超时的事件时，才会转为Master状态；当接收到接口的Shutdown事件时，转为Initialize状态。

三种状态之间的转换关系如图7-33所示。

图 7-33　VRRP 三种状态间的转换关系

6. VRRP扩展应用

VRRP拥有非常灵活的使用方法，通过对VRRP的灵活配置，可以实现一些特殊的用途和目的，VRRP常用的扩展方法有以下几种。

（1）VRRP的负载分担

VRRP允许一台路由器为多个虚拟路由器作备份，通过多虚拟路由器设置可以实现负载分担。

负载分担方式是指多台路由器同时承担业务，因此需要建立两个或更多的备份组。

负载分担方式的备份组具有以下特点：

① 每个备份组都包括一个Master路由器和若干Backup路由器；

② 各备份组的Master路由器可以不同；

③ 同一台路由器可以加入多个备份组，不同备份组有不同的优先级。

如图7-34所示，配置两个备份组：组1和组2。

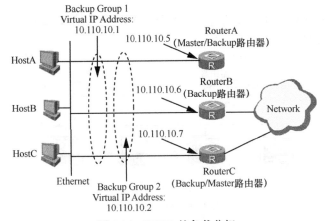

图 7-34　VRRP 的负载分担

① RouterA在备份组1中作为Master路由器，在备份组2中作为Backup路由器；

② RouterB在备份组1和2中都作为Backup路由器；

③ RouterC在备份组2中作为Master路由器，在备份组1中作为Backup路由器。在配置优先级时，需要确保两个备份组中各路由器的VRRP优先级交叉对应。

如RouterA在备份组1中的优先级是120，在备份组2中的优先级是100，RouterC在备份组1中的优先级是100，在备份组2中的优先级是120，一部分主机使用备份组1作网关，另一部分主机使用备份组2作为网关，这样，可实现数据流分担、而又相互备份的目的。

（2）VRRP的监视接口状态

VRRP监视接口功能可以提供对属于备份组的接口的监测，还可对设备上不属于备份组的接口进行监测。该功能更好地扩充了备份功能。

监视接口功能的实现方式是：当被监视的接口Down或Up时，该路由器在备份组中的优选级会自动降低或升高一定的数值，导致备份组中各设备优先级高低顺序发生变化，优先级高的设备转变为Master路由器。

（3）VRRP的虚拟IP地址Ping开关

默认情况下，主机不能Ping通虚拟IP地址，这样会给监控虚拟路由器的工作情况带来一定的麻烦，能够Ping通虚拟IP地址可以比较方便地监控虚拟路由器的工作情况，但是可能遭到ICMP的攻击。用户可以选择是否打开VRRP的虚拟IP地址Ping开关。

（4）VRRP的安全功能

对于安全程度不同的网络环境，我们可以在报头上设定不同的认证方式和认证字，也就是启用VRRP报文交互时的密码验证功能。

在一个安全的网络中，我们可以采用缺省设置，路由器对要发送的VRRP报文不进行任何认证处理，收到VRRP报文的路由器也不进行任何认证，认为收到的都是真实的、合法的VRRP报文，这种情况下，不需要设置认证字；在有可能受到安全威胁的网络中，VRRP提供简单字符认证，我们可以设置长度为1～8的认证字。

7.4.2　VRRP的配置及应用

1. 任务描述

如图7-35所示，R1和R2之间运行VRRP。VRRP虚拟IP地址选用R1的接口地址10.0.0.1，R1将作为Master路由器。

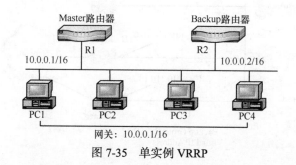

图7-35　单实例VRRP

2. 任务分析

本任务中，我们需要在两台路由器上配置同一个VRRP实例，虚拟路由器的IP地址用R1的接口地址10.0.0.1，R1被配置成Master路由器。这样，主机发往网关的流量正常情况下由R1转发，当主机到R1的链路中断后，VRRP发生倒换，主机发往网关的流量由R2转发。

3. 配置流程

配置流程如图7-36所示。

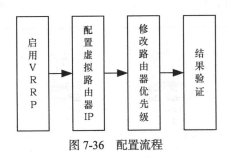

图 7-36　配置流程

4. 主要配置

主要配置步骤如下。

① 启用VRRP，并且设置虚拟IP。

```
ZXR10_R1(config-if)#vrrp 1 ip 10.0.0.1
```

② 接口上配置VRRP优先级。

```
ZXR10_R1(config-if)# vrrp 1 prirority 20
```

5. 结果验证

在主机上查看MAC转发表，正常情况下，网关IP地址对应的是R1的MAC地址，如图7-37所示。

图 7-37　主机上的 MAC 转发表 a

把R1端口Down之后，主机上再查看MAC转发表，网关IP地址对应的是R2的MAC地址，如图7-38所示。

图 7-38　主机上的 MAC 转发表 b

7.4.3　任务拓展

要求启动两个VRRP组，其中PC1和PC2使用组1的虚拟路由器作为默认网关，地址为10.0.0.1，而PC3和PC4则使用组2的虚拟路由器作为默认网关，地址为10.0.0.2。R1和

R2互为备份，只有当2个路由器全部失效时，4台主机与外界的通信才会中断，如图7-39所示。

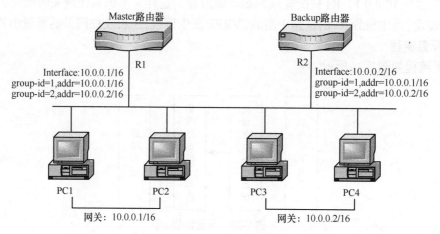

图 7-39　VRRP 双实例

知识总结

1. ACL 技术工作原理。

2. ACL 接口下不同方向调用区别。

3. 通配符匹配原则。

4. NAT 背景及工作原理。

5. 动态 NAT 和静态 NAT 区别。

6. DHCP 工作原理。

7. VRRP 技术工作原理。

8. VRRP 的优先级设置。

思考与练习

1. ACL 通配符的作用。

2. PAT 的配置步骤总结。

3. DHCP 服务器和 DHCP 中继的配置步骤总结。

4. 简述 VRRP 的工作原理。

自我检测

1. 标准 ACL 的范围是（　　）

　A. 1 ～ 99　　　　　　B. 1 ～ 100　　　　　C. 100 ～ 199　　　　D. 100 ～ 200

2. 以下关于 ACL 的规则说法正确的是（　　）

　A. 逐条扫描　　　　　　　　　　　　B. 匹配退出

　C. 隐含拒绝所有　　　　　　　　　　D. 越具体越明确的被放到最后

3. 关于NAT路由器说法正确的是（   ）

 A.数据出方向为先转换、后路由 B.数据出方向为先路由、后转换

 C.数据进方向为先路由、后转换 D.数据进方向为先路由、后转换

4. DHCP的端口号为（   ）

 A.67   B.68   C.69   D.70

5. VRRP的协议号和组播地址是（   ）

 A.111、224.0.0.17   B.112、224.0.0.18

 C.113、224.0.0.19   D.114、224.0.0.20

6. VRRP有以下哪些状态（   ）

 A.Initialize B.Master C.Backup D.Standby

实践活动

使用抓包软件分析DHCP报文交互的封装格式

1. 实践目的

① 掌握DHCP工作流程。

② 了解DHCP报文封装格式。

2. 实践要求

学员能够抓取DHCP交互的报文，并对其进行分析。

3. 实践内容

① 路由器开启DHCP功能。

② 把一台主机连接到路由器上，主机安装抓包软件。

③ 把主机IP地址配置方式调成自动获取IP地址，使用抓包软件抓取DHCP交互过程，分析DHCP报文封装格式。

拓展篇

项目 8　认识 BGP

项目引入

　　经过一段时间的学习锻炼，小李已经慢慢成长为公司的主要技术骨干，但是离技术大牛还是差那么一点，因为骨干设备很多都运行BGP，小李对于BGP还很陌生，小李入职以来都是处理一些比较简单的网络故障或者部署比较简单的网络，小李非常想登录骨干设备看看里面的配置情况。

　　小李：主管，我已经来公司很久了，但是到目前为止，为什么还是不给我核心设备的登录权限？

　　主管：小李啊，不是不给你，核心设备配置复杂，运行很多个协议，并且作为BGP核心设备，如果你不懂这个技术，一旦操作失误影响是非常大的。

　　小李：好吧。

　　主管：这样吧，你先理解BGP运行场景和基本配置，公司才会视情况给你分发账号。

　　项目8介绍了BGP基础、运行环境和常见配置。不过一定要注意，当你不是很懂BGP的时候，千万不要在网络中操作BGP。BGP操作错误带来的影响，可能是你无法预料的。

学习目标

　　1. 识记：BGP基本概念。
　　2. 领会：BGP报文类型与连接状态。
　　3. 应用：BGP路由通告原则与通过方式。

▶8.1　任务一：预备知识

8.1.1　BGP基本概念

　　20世纪60年代末，因特网还只是一个小规模的实验网，随着研究机构、学院和政府的加入，最早的ARPANET形成了。后来，美国国家科学基金会又开发了NSFNET（1995年4月停用）。发展到现在，因特网成为世界上规模最大、用户最多的网络。

出于管理和扩展的目的，当前的国际互联网是由许多个具有独立管理机构及选路策略的自治系统（AS）汇集而成的。

BGP（Border Gateway Protocol，边界网关协议）版本4定义于RFC1771，是现行因特网的实施标准，它是用来连接自治系统，实现自治系统间的路由选择功能的。

1. IGP与BGP

所有的路由选择协议可以被分成IGP（内部网关协议）和EGP（外部网关协议）两种。要了解IGP和EGP的概念，我们应该首先了解自治系统（AS）的概念。传统的自治系统定义（RFC1771）如下：单一管理机构下的路由器的集合，一个自治系统内部使用一种内部网关路由协议并采用一致的度量标准来对数据包进行路由，而使用外部网关协议对接收或发出至其他自治系统的路由进行过滤或者配置。发展到现在，一个自治系统中可使用多个内部网关协议，甚至多个路由选择的度量标准。所以，现在的自治系统扩展定义为：共享同一路由选择策略的一组路由器。

IGP（Interior Gateway Protocols，内部网关协议）是在一个自治系统内部使用的路由协议（包括动态路由协议和静态路由协议）。IGP的功能是完成数据包在自治系统内部的路由选择。RIPv1&v2、OSPF等都是典型的IGP。

EGP（Exterior Gateway Protocols，外部网关协议）是在多个自治系统之间使用的路由协议。它主要完成数据包在自治系统间的路由选择。BGP4就是一种EGP。IGP只作用于本地自治系统内部，而对其他自治系统一无所知。EGP作用于各自治系统之间，它只了解自治系统的整体结构，而不了解各个自治系统内部的拓扑结构，它只负责将数据包发到相应的自治系统中，其他工作便交给IGP来做。

每个自治系统都有唯一的标识，称为自治系统号（AS Number），由IANA（Internet AS signed Numbers Authority）来授权分配。这是一个16位的二进制数，范围是1～65535，其中65412～65535为自治系统专用组（RFC2270），不在Internet上传播，类似于IP地址中的私有地址。

BGP4是典型的外部网关协议，是现行的因特网实施标准。它完成了在自治系统间的路由选择。可以说，BGP是当代整个Internet的支架。

BGP经历了4个版本：RFC1105（BGP1）、RFC1163（BGP2）、RFC1267（BGP3）、RFC1771（BGP4），并且还涉及其他很多的RFC文档。在RFC1771新版本中，BGP开始支持CIDR（Classless Interdomains Routing）和自治系统路径聚合，这种新属性的加入，可以减缓BGP表中条目的增长速度。

支持IPv6的BGP版本是BGP4+，标准是RFC2545。

2. BGP的特征

BGP是用来在自治系统之间传递选路信息的路径向量协议。这里的路径向量是指BGP选路信息中携带的自治系统号码序列，此序列指出了一条路由信息通过的路径，能够有效地控制路由循环。

BGP是用来完成自治系统之间的路由选择的，BGP路由信息中携带其经过的自治系统号码序列，此序列指出了一条路由信息通过的路径，能够有效地控制路由循环。每一个自治系统可以被看作一个跳度，所以我们称BGP是一种距离矢量（Distance Vector）的路由协议，但是比起RIP等典型的距离矢量协议，它又有很多增强的性能。

BGP使用TCP作为传输协议，使用端口号179。在通信时，TCP会话要先被建立，这样数据传输的可靠性就由TCP来保证，而在BGP中就不用再使用差错控制和重传的机制，从而简化了复杂的程度，如图8-1所示。

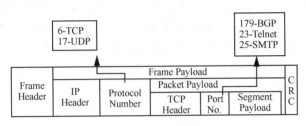

图8-1 BGP的特征

另外，BGP使用增量的、触发性的路由更新，而不是一般的距离矢量协议的整个路由表的、周期性的更新，这样节省了更新所占用的带宽。BGP还使用"保活"消息（Keepalive）来监视TCP会话的连接。BGP还有多种衡量路由路径的度量标准（被称作路由属性），可以更加准确地判断出最优路径。

BGP工作流程如下：首先，在要建立BGP会话的路由器之间建立TCP会话连接，然后通过交换Open信息来确定连接参数，如运行版本等。建立对等体连接关系后，最开始的路由信息交换将包括所有的BGP路由，也就是交换BGP表中所有的条目。初始化交换完成以后，只有当路由条目发生改变或者失效的时候，增量的触发性的路由更新才会发出。所谓增量，就是指并不交换整个BGP表，而只更新发生变化的路由条目；而触发性，则是指只有在路由表发生变化时才更新路由信息，而并不发出周期性的路由更新。比起传统的全路由表的定期更新，这种增量触发的更新大大节省了带宽。路由更新都是由Update消息来完成的。

3. 对等体

建立了BGP会话连接的路由器被称作对等体（Peers or Neighbors），对等体的连接有两种模式：IBGP（Internal BGP）和EBGP（External BGP）。IBGP是指单个自治系统内部的路由器之间的BGP连接，而EBGP则是指自治系统之间的BGP连接。

（1）EBGP

BGP是用来完成自治系统之间的路由选择的，在不同自治系统之间建立的BGP连接，被称作EBGP连接，如图8-2所示。

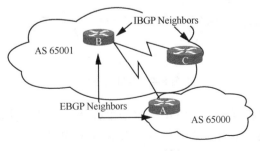

图8-2 EBGP示例

EBGP连接的路由器一般直接以物理方式相连，也存在非物理直接相连的特殊情况。

在进行路由器配置的时候，我们需要特别注意对于EBGP的使用，因为缺省情况下，路由器对于EBGP通信的BGP数据包的TTL值设置为1，必要时需要更改其TTL值的设置。

（2）IBGP

IBGP用来在自治系统内部完成BGP更新信息的交换。虽然这种功能也可以由"重分布"（Redistribution）技术来完成——将EBGP传送来的其他自治系统的路由"再分布"到IGP中，然后将其"再分布"到EBGP以传送到其他自治系统，但是这样BGP路由条目丰富的属性丧失了，BGP进行路由选择和策略控制的元素失去了。因此，我们应使用IBGP连接实现不同自治系统的路由的传递，如图8-3所示。

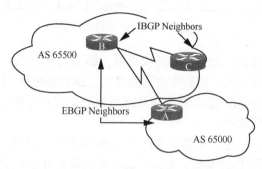

图 8-3　IBGP 示例 1

IBGP的功能是维护自治系统内部的连通性。BGP规定：一个IBGP的路由器不能将来自另一IBGP路由器的路由发送给第三方IBGP路由器，这也可以被理解为通常所说的Split-horizon规则。当路由器通过EBGP接收更新信息时，它会处理这个更新信息，并将其发送到所有的IBGP及余下的EBGP对等体；而当路由器从IBGP接收更新信息时，它会对其进行处理并仅通过EBGP传送该信息，而不会向IBGP传送该信息。所以，在自治系统中，BGP路由器必须要通过IBGP会话建立完全连接的网状连接，以此来保持BGP的连通性。如果没有在物理上实现全网状（Full Meshed）的连接，连通性方面的问题就会出现，如图8-4所示。

为避免完全网状连接的复杂性，路由反射器和联盟等相关技术应运而生。

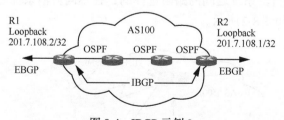

图 8-4　IBGP 示例 2

与传统的内部路由协议相比，BGP还有一个独特的特性，就是使用BGP的路由器可以被未使用BGP的路由器隔开。这是因为BGP使用TCP进行工作，只要两台路由器能够直接建立TCP连接即可，不过要确保相关IGP的正常工作。

8.1.2　BGP报文类型与连接状态

1. BGP消息类型

BGP消息有4种类型：Open、Update、Notification和Keepalive，分别用于建立BGP连接、更新路由信息、进行差错控制和检测可到达性。

BGP报文的报头格式相同，均由19个字节组成，其中包括16个字节的标记字段、2个字节的长度字段和1字节的类型字段。图8-5表示了BGP报文报头的基本格式。

16Byte	2Byte	1Byte
标记字段	长度字段	类型字段

图 8-5　BGP 报文报头的基本格式示例

标记字段用来鉴别进入的BGP报文或用来检测两个BGP对等体之间同步的丢失。标记字段在Open报文中或无鉴别信息的报文中必须置为"1"，在其他情况下将作为鉴别技术的一部分被计算。

长度字段指整个BGP报文包括报头在内的总长度，长度值为19 ～ 4096。Keepalive报文没有具体报文内容，所以长度始终为19个字节。

类型字段用来指示报文类型，分为以下4种：Open、Update、Notification、Keepalive。

2. BGP建立消息

Open消息是在建立TCP连接后向对方发出的第一条消息，它包括版本号、各自所在自治系统识别码、会话保持时间（Hold Time）、BGP标识符（BGP Identifier）、协议参数，以及可选参数长度、可选参数。图8-6列出了Open报文的格式。

1Byte	2Byte	2Byte	4Byte	1Byte	可变长度
版本号	自治系统识别码	会话保持时间	BGP标识符	可选参数长度	可选参数

图 8-6　Open 报文的格式

① 版本号：1字节无符号整数，它表示BGP的版本BGP4。在BGP对等体磋商时，对等体之间都试图使用彼此都支持的最高版本。在BGP对等体版本已知的情况下，通常使用静态设置版本，缺省就是BGP4。

② 自治系统识别码：指出了本地运行BGP的路由器的自治系统号码，此号码通常由互联网登记处或提供者分配。

③ 会话保持时间：两个相继出现的Keepalive报文或Update报文之间消耗的最大时间，以秒为单位。此处用到一个保持计数器，当收到Keepalive报文或Update报文时，保持计数器复位到零；如果保持计数器超过了保持时间，而Keepalive报文或Update报文还未出现，那么就认为该相邻体不存在了。保持时间可以是零，表示无需Keepalive报文，推荐的最小保持时间是3秒。在2台路由器建立BGP连接前，通过Open报文，协商双方一致认可的保持时间，以两者Open报文中的较小值为准。

④ BGP标识符:4字节无符号整数,表示发送者的ID号。ZXR10路由器选取此ID号时,首先从Loopback地址中选择最小的;如果没有Loopback地址,则从接口地址中选择最小的IP地址,而不论接口是否UP。目前ZXR10路由器采取自动选取的方式,暂不能手工指定。

⑤ 可选参数长度:1字节无符号整数,它表示以字节为单位的可选参数字段的总长度,长度为"0"表示无可选参数出现。

⑥ 可选参数:可变长度字段,表示BGP相邻体对话磋商期间使用的一套可选参数。该参数分为三部分,分别是参数类型、参数长度、参数值。其中,参数类型、参数长度各为一个字节,参数值为可变长度。

3. BGP Keepalive信息

Keepalive报文是在对等体之间进行交换的周期性报文,据此判断对等体是否可达。Keepalive报文保证以保持时间不溢出的速率发送消息(保持时间在Open报文中已详细说明),推荐的速率是保持时间间隔的三分之一,一般为60秒。Keepalive报文没有实际的数据信息,即Keepalive报文长度为19字节。

4. BGP更新信息

BGP的核心是路由更新,路由更新通过在BGP对等体之间传递Update报文实现。路由更新包括了BGP用来组建无循环互联网结构所需的所有信息。图8-7是UPDATE报文的结构。

2Byte	可变长度	2Byte	可变长度	可变长度
不可达路由长度	撤销路由	总路径属性长度	路径属性	网络层可达信息

图 8-7　Update 报文的结构

① 不可达路由长度:以字节计算的撤销路由的总长度,不可达路由长度为"0"时,表示没有可撤销的路由。

② 撤销路由:当那些不可到达的或不再提供服务的选路信息需要从BGP路由表中被撤销时,需要用到撤销路由表项。撤销路由格式与网络层可到达信息格式相同,由<长度>、前缀的二维数组组成,每条撤销路由占用8字节。

③ 总路径属性长度:标明路径属性部分的长度,值为零时,表示没有路由及其路由属性要通告。

④ 路径属性:一套用来标记随后路由的特定属性的参数,这些参数在BGP过滤及路由决策过程中将被使用。属性的内容包括路径信息、路由的优先等级、路由的下一跳及聚合信息等。路径属性由属性类型、属性长度及属性值三部分组成,属性长度根据属性值的不同而相应改变。

⑤ 网络层可达信息:BGP4提供了一套支持无类别域间选路(CIDR)的新技术,CIDR概念是从传统的IP类别(A、B、C、D)向IP前缀概念的转变。IP前缀是带有组成网络号码的比特数(从左到右)指示的IP网络地址。Update报文中提供网络层可到达信息,使得BGP能够支持无类别选路。网络层可达信息通过二维数组的方式在选路更新中列出了要通知的其他BGP相邻体的目的地信息。数组内容为<长度,前缀>,长度内容为32比特,左边连续的1的位数表示特定前缀的掩码的长度。

5. BGP差错通告消息

BGP对等体之间交互信息时，可能检测到差错信息，每当检测到一个差错信息，相应的对等体将会发送一个Notification报文，随后对等体连接被关闭。网络管理者需要分析Notification报文，根据差错码判断选路协议中出现的差错的特定属性。

Notification报文格式如图8-8所示。

1Byte	1Byte	可变长度
差错代码	差错子代码	差错数据

图8-8　Notification 报文格式

差错代码指示该差错通知的类型，以下列出可能的BGP差错代码：

① BGP报文报头差错；

② Open报文差错；

③ Update报文差错；

④ 保持计时器溢出；

⑤ 有限状态机差错；

⑥ 停机。

差错子代码指示差错代码中更加详细的信息。通常，每个差错代码可能有一个或多个差错子代码。下面对差错代码为①~③的对应差错子代码进行描述：

① BGP报文报头差错：a. 连接不同步，b. 报文长度无效，c. 报文类型无效。

② Open报文差错：a. 不支持的版本号码，b. 无效的对等体自治系统，c. 无效的BGP标识符，d. 不支持的可选参数，e. 鉴别失败，f. 不能接受的保持时间。

③ Update报文差错：a. 属性列表形式不对，b. 公认属性识别不到，c. 公认属性丢失，d. 属性标记差错，e. 属性长度差错，f. 起点属性无效，g. 自治系统选路循环，h. 下一跳属性无效，i 可选属性差错，j. 网络字段无效。

6. BGP连接状态

BGP建链过程中的连接状态有以下6种：Idle Status、Connect Status、Active Status、OpenSent Status、OpenConfirm Status、Established Status。下面分别对每个状态下的处理过程进行描述。

（1）Idle Status

当BGP连接启动时，FSM状态处于Idle Status。系统产生Start消息使它对所有的BGP资源和TCP连接进行初始化，并启动重新连接定时器。所有这些工作完成之后状态迁移至Connect Status。在Idle Status下所有的BGP连接请求被拒绝。如果BGP报文处理过程中出现错误，则要求断开TCP连接进入Idle Status，等待重新连接定时器超时或管理员发出连接命令而产生Start消息，从而迁出Idle Status，重新进行建立连接的操作。

（2）Connect Status

在该状态下，BGP等待TCP连接完成：如果连接成功，则清除重新连接定时器，向对端BGP发送Open消息，进入OpenSent状态；若连接失败，复位重新连接定时器，进入Active Status，监听对端BGP可能初始化发来的连接请求。

如果重新连接定时器超时，重新初始化BGP连接并复位重新连接定时器，继续停留在Connect Status，等待对端BGP发来的连接。该状态下收到除Start以外的所有消息都要求将该连接的所有BGP资源释放并将状态迁至Idle Status。

（3）Active Status

在该状态下，BGP试图收到对端BGP发来的TCP连接，如果连接成功，则清除重新连接定时器，并发送Open消息到对端的BGP；其中，Open报文中的定时器应设定为一个较大的数值（4分钟）。

如果连接失败，将关闭连接并复位重新连接定时器，仍然停留在Active Status，等待超时后重新建立TCP连接。当重新连接定时器超时事件发生时，重新初始化TCP连接并复位重新连接定时器，并进入Connect Status。同样，该状态下除了收到Start消息不做任何处理外，对于其他所有消息处理都要求将该连接的所有BGP资源释放并将状态迁至Idle Status。

（4）OpenSent Status

在这个状态下，BGP等待从它的对端BGP发来的Open消息。当收到Open消息时，BGP要检查消息中所有内容的正确性，如果消息中出现错误，则发送Notification消息并将状态迁至Idle Status；如果Open消息中没有错误，BGP发送Keepalive消息并同时设置Keepalive定时器。定时器的值将被替换为通过协商得到的定时值。如果协商的定时值为0，那么Hold定时器和Keepalive定时器将不起作用；若收到的Open报文中自治系统号与本地自治系统号相同，那么与该BGP对端的BGP连接为IBGP，否则为EBGP，最后将状态迁至OpenConfirm Status。

如果收到底层传输协议发来的Disconnect消息，将关闭BGP连接，同时复位重新连接定时器，进入Active Status重新等待对端的TCP连接请求。

如果定时器超时或收到Stop事件，向对端发送Notification消息，状态迁至Idle Status。

（5）OpenConfirm Status

该状态下，BGP等待Keepalive和Notification消息，一旦收到Keepalive消息，状态迁至Established Status。如果在收到Keepalive消息之前，定时器超时，发送Notification消息到对端并将状态迁至Idle Status，如果定时器超时，则发送Keepalive消息，并复位Keepalive定时器。

在收到底层传输协议发来的Disconnect消息，或对端发来的Notification消息时，释放该连接所有的BGP资源，并将状态迁至Idle Status。

对于其他事件，除了Start消息不做任何处理外，都要求将向对端发送Notification消息并将该连接的所有BGP资源释放，状态迁至Idle Status。

（6）Established Status

该状态下，BGP可以与它的对端BGP交换Keepalive、Update、Notification消息。如果系统收到Update消息或Keepalive消息，首先要将定时器复位（定时值不为0）。

Update消息需要被执行正确性检查：如果正确，则由Update消息处理过程进行处理；如果不正确，则向对端发送Notification消息，将状态迁至Idle Status。当收到Keepalive消息时，复位定时器。如果Keepalive定时器超时，则向对端发送Keepalive消息并复定时器。如果收到Stop事件或定时器超时，发送Notification消息，将状态迁至Idle Status。对于TCP发来Disconnect或对端发来Notification消息，状态迁至Idle Status。当状态迁至Idle Status时，必须释放所有的BGP连接资源。

8.1.3 BGP路由通告原则

运行BGP的路由器首先通过TCP与其对等体建立连接，然后通过交换Open报文相互验证身份，当彼此确认可行，则使用Update报文进行路由信息交互。BGP路由器接收Update报文，对此报文运行某些策略或进行过滤处理产生新的路由表，再把新的路由传递给其他BGP对等体。

为了更好地阐述BGP，我们对其运行过程建立模型，模型包括以下部件：

① 路由器从其对等体收到的一群路由；

② 输入决策机，对输入路由进行过滤或属性控制；

③ 决策过程，决定路由器本身将使用哪些路由；

④ 路由器本身使用的一群路由；

⑤ 输出决策，对输出路由进行过滤或属性控制；

⑥ 路由器通告给其他对等体一群路由。

模型如图8-9所示。

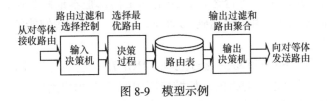

图8-9 模型示例

BGP从外部或内部的对等体接收路由，这些路由的部分或全部将被做成路由器的BGP表格。输入决策机将基于不同的参数进行过滤处理，并且通过控制路径属性来干预其本身的决策过程。过滤参数包括IP地址前缀、自治系统路径信息和属性信息。决策过程将对通过输入决策机作用后得到的路由信息进行决策，当到达同一目的地有多条路由时，通过决策选出最优路由。最优路由信息将被路由器本身使用，放进IP路由表中，同时通告给其他对等体。路由器将其使用的路由（最优路由）及在本地产生的路由交给输出决策机，输出决策机再通过过滤及属性控制产生输出路由信息。输出决策机在输出信息时，区别内部对等体和外部对等体，内部对等体产生的路由不应再次被传到内部对等体。

BGP路由表是独立于IGP路由表的，但是这两个表之间可以进行信息交换，这就是"路由重分布"（Redistribution）技术。

信息的交换有两个方向：从BGP注入IGP，以及从IGP注入BGP。前者是将自治系统外部的路由信息传给自治系统内部的路由器，而后者是将自治系统内部的路由信息传到外部网络，这也是BGP路由更新的来源。

路由信息从IGP注入BGP涉及一个重要概念——同步（Synchronization）。同步规则如下：当一个自治系统为另一个自治系统提供了过渡服务时，只有当本地自治系统内部所有的路由器都通过IGP的路由信息的传播收到这条路由信息以后，BGP才能向外发送这条路由信息；当路由器从IBGP收到一条路由更新信息时，在将其转发给其他EBGP对等体之前，路由器会对其同步性进行验证,只有该路由器上IGP认识这个更新的目的时(即IGP路由表中有相应的条目),路由器才会将其通过EBGP转发,否则,路由器不会转发该更新信息。

同步规则的主要目的是为了保证自治系统内部的连通性,防止路由循环的黑洞的出现。但是在实际的应用中,同步功能一般都会被禁用,自治系统内IBGP的全网状连接结构被用来保证连通性,这样既可以避免向IGP中注入大量BGP路由,加快路由器处理速度,又可以保证数据包不丢失。要安全地禁用同步,需要满足以下两个条件之一:

① 所处的自治系统是单口的,或者说是末端自治系统——只有一个点与外界网络连接。

② 虽然所处的自治系统是过渡型的(一个自治系统可以通过本地自治系统与第三方自治系统建立连接),但是自治系统内部的所有路由器都运行BGP。

第二种情况是很常见的,因为自治系统内所有的路由器都有BGP信息,所以IGP只需要为本地自治系统传送路由信息。

同步功能在路由器上缺省是启用的,可以用命令将其取消。

8.1.4 BGP 路由通告方式

1. Network命令方式

BGP是用来通告路由的,每台运行BGP的路由器都把本地网络通告到Internet上,这样几十万台路由器通告的路由数量达到20万条,这就是目前我们能够自如地访问Internet上各种服务的原因。

当然,除了应用于Internet路由通告之外,BGP在一些内部专用网络上也发挥作用,其通告的路由往往是私有地址的路由,如城域网中的VPN用户路由等。

BGP要通告的路由必须首先存在于IGP路由表中,将IGP路由信息注入BGP,是BGP路由更新的来源,它直接影响Internet的路由稳定性。信息注入有两种方式:动态和静态。

动态注入又分为完全注入和选择性注入:完全动态注入是将所有的IGP路由重分布到BGP中,这种方式的优点是配置简单,但是可控性弱、效率低;选择性动态注入则是将IGP路由表中的一部分路由信息注入BGP(如使用Network命令),这种方式会先验证地址及掩码,可控性和效率都大大提高,可以防止错误的路由信息注入。

无论哪种动态注入方式,都会造成路由的不稳定。因为动态注入完全依赖于IGP信息,当IGP路由发生路由波动时,不可避免地会影响BGP的路由更新。这种路由的不稳定会发出大量的更新信息,浪费大量的带宽。对于这种缺陷,我们可以通过在边界处使用路由衰减和聚合技术来对其进行改善。

静态注入就可以有效解决路由不稳定的问题。静态注入是将静态路由的条目注入BGP的过程。静态路由条目通过人为加入,不会受到IGP波动的影响,所以很稳定。它的稳定性防止了路由波动引起的反复更新。但是,如果网络中的子网边界划分不是非常分明,静态注入也会导致数据流阻塞等问题产生。

BGP通告路由的常用方法就是使用Network命令选择欲通告的网段,该命令指定目的网段和掩码,这样在IGP路由表中匹配该条件的一群路由都进入BGP路由信息表中,被策略筛选后通告出去。之所以说一群路由,是因为指定网段所包含的子网将全部被通告。

如BGP使用Network 18.0.0.0 255.0.0.0命令,且路由表中有18.0.0.0/8的网段、18.1.0.0/16

的网段、18.2.0.0/24的网段，其都会被归入BGP路由信息表中。如果路由表中无该网段或其子网，则无路由进入BGP路由信息表中。因此，有时候为了配合BGP路由的通告，我们需要在路由器上配置一些指向Loopback地址的静态路由。

值得注意的是，进入BGP路由信息表中的路由并不一定能被通告出去，这与BGP的路由过滤或者路由策略息息相关。

2. 路由重分布方式

在路由条目数量很多、聚合不方便的情况下，BGP路由通告不得不选择完全动态注入的方式，将某一种或多种的IGP路由重分布到BGP中，这样配置快捷方便。如下所示，ZXR10支持各种IGP到BGP的重分布。

```
GER (config-router)#redistribute ?
connected  Connected
IS-IS-1    IS-IS level-1 routes only
IS-IS-1-2  IS-IS level-1 and level-2 routes
IS-IS-2    IS-IS level-2 routes only
ospf-ext   Open shortest path First(OSPF) external routes
ospf-int   Open shortest path First(OSPF) internal routes
rip        Routing information protocol(RIP)
static     Static routes
```

在重分布的过程中，这些路由条目的各种BGP属性值可以被指定，常用的方法是使用路由映射图。

8.1.5 BGP属性和路由选择

1. BGP属性

BGP路由属性是BGP路由协议的核心概念，它是一组参数，在Update消息中被发给连接对等体。这些参数记录了BGP路由的各种特定信息，用于路由选择和过滤路由。它可以被理解为选择路由的度量尺度。

路由属性被分为4类：公认必遵、公认自决、可选传递和可选非传递。

公认属性对所有的BGP路由器来说都是可识别处理的；每个Update消息中都必须包含"公认必遵"属性，而"公认自决"属性则是可选的。

不是所有的BGP路由器都支持可选属性。当BGP不支持这个属性时，如果这个属性是可传递的，则会被接受并被传给其他的BGP对等体；如果这个属性是非可传递的，则被忽略，不被传给其他对等体。

2. 常用属性与路由选择

RFC1771中定义了1～7号的BGP路由属性，依次为：

① ORIGIN（路由起源，即产生该路由信息的自治系统）；

② AS_PATH（自治系统路径，即路由条目已通过的自治系统集或序列）；

③ NEXT_HOP（下一跳地址，即要到达该目的路由的下一跳IP地址，IBGP连接不会改变从EBGP发来的NEXT_HOP）；

④ MULTI_EXIT_DISC（多出口识别，用于区别到其他自治系统的多个出口，由本地自治系统路由器使用，离开自治系统时该值恢为0，除非重新设置）；

⑤ LOCAL_PREF（本地优先级，在本地自治系统内传播，标明各路径的优先级）；

⑥ ATOMIC_AGGREGATOR（原子聚合）；

⑦ AGGREGATOR（聚合）。

RFC1997还定义了另一个常用属性：Community（团体串）。

其中，①、②、③号属性是公认必遵；⑤、⑥号属性是公认自决；⑦号属性和Community属性是可选传递；④号属性是可选非传递。这些属性在路由的选择中的优先级是不同的，仅就这8个属性而言，优先级最高的是LOCAL-PREF，接下来是AS_PATH和ORIGIN。

BGP所使用的路由属性并不仅仅只有这8个，其他的具体内容可以参阅RFC文档。

（1）ORIGIN属性

ORIGIN属性是公认必遵属性。该属性表示相对于发出它的自治系统的路由更新的起点。BGP在进行路由决策时将使用ORIGIN属性，以便在多个路由中建立优先级别。BGP考虑三种起点。

① IGP：网络层可达信息对于始发自治系统是内部获得，如聚合的路由和Network通告的路由。

② EGP：网络层可到达信息是通过EGP得知的。

③ INCOMPLETE：网络层可到达信息是通过其他方法得知的，如，路由重分布。

在路由决策中，BGP优先选用具有最小ORIGIN属性值的路由，即IGP低于EGP，而EGP低于INCOMPLETE。

（2）AS_PATH属性与路由选择

AS_PATH属性是公认必遵的属性，该属性包括了路由到达一个目的地所经过的一系列自治系统号码组成的路径段。产生路由的自治系统把路由发送到其外部BGP对等体时，加上自己的自治系统号码。此后，每个接收路由并传送给其他BGP对等体的自治系统都将把自己的自治系统号码加到自治系统序列的最前面。每个路径段由<路径段类型，路径段长度，路径段值>元组组成，如图8-10所示。路径段类型有以下两种。

AS_SET：Update消息穿过的一系列未排序的自治系统。

AS_SEQUENCE：Update消息穿过的一系列排序的自治系统。

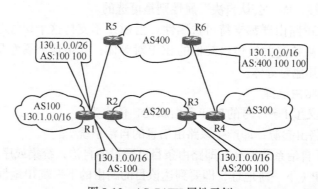

图8-10　AS_PATH属性示例

BGP使用AS_PATH属性作为其路由更新的要素，以实现互联网的无循环拓扑。每个路由都将包含一个它所经过的所有自治系统的排列表，如果该路由被通告给产生它的自治系统时，自治系统检测到其自治系统号码在自治系统序列中已经存在，将不再接收此路由。同时，在决策最优路由时也将用到该属性。当到达同一目的地存在多条路由，且其他属性相同时，BGP通过AS_PATH属性挑选最短路径路由作为最优路由使用。因此，在有些场合，我们可以通过增加AS_PATH方式来影响路由器的BGP路由选择。

在图8-10的示例中，R1在通告路由给AS400的路由器时，把自身的自治系统号码重复增加，这样R4从R6和R3接收到AS100中路由条目的AS_PATH不同，AS200被选择作为过渡区域。

（3）NEXT_HOP属性与路由安装

NEXT_HOP属性也是公认必遵属性。NEXT_HOP属性在IGP中指已通告了路由信息的相邻路由器接口IP地址，在BGP中NEXT_HOP属性则根据具体情况而定。对于EBGP对话，NEXT_HOP指已通告了EBGP路由信息的对等体路由器IP地址。对于IBGP对话，如果是自治系统内部路由，NEXT_HOP指IBGP路由对等体路由器IP地址；EBGP路由在自治系统内传递时，缺省情况下，NEXT_HOP不变。

BGP使用该属性创建BGP表，同时通过IP路由表检查BGP对等体之间的IP连通性，判断下一跳是否可达。在决策过程中，如果下一跳不可达，则该条路由被舍弃。

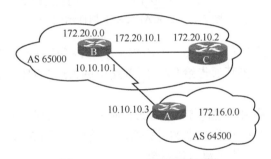

图 8-11 NEXT_HOP 属性示例

在图8-11中，路由器A和路由器B建立了EBGP连接，路由器A将本自治系统中的网段172.16.0.0/16通告给EBGP邻居时，Update报文中的NEXT_HOP是路由器A的接口地址10.10.10.3；在路由器B把该路由通告给其IBGP邻居路由器C时，它在Update报文中把NEXT_HOP仍然设置为10.10.10.3，因此，在路由器C的IGP路由表中，必须有到该NEXT_HOP 10.10.10.3的路由，简单的测试方法就是能够Ping通该地址，否则，该BGP路由条目无效。

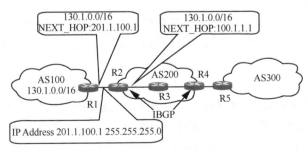

图 8-12 NEXT_HOP 属性示例 2

有时候，BGP路由器没有到自治系统外部路由器的路由，这可能会导致对接收到

EBGP路由的下一跳失效，导致路由无法进入BGP路由信息表中。这种情况可以通过更改路由通告下一跳的方式来加以解决。

在图8-12中，R2接收到AS100的路由后，在把它通告给IBGP邻居R4时，设置路由的NEXT_HOP为R2的接口地址，这使R4能够做到下一跳可达，路由安装成功。

（4）LOCAL_PREF属性与路由选择

LOCAL_PREF属性是公认自决属性。ZXR10路由器识别并使用该属性。

当BGP路由器向自治系统内部的其他BGP路由器广播路由时需要包含该属性，属性值的大小直接影响到路径的优先级。在路由决策中将选择本地优先值大的路由作为最优路由。该属性影响本地出站流量。

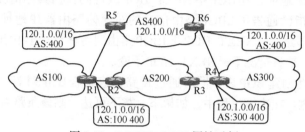

图8-13　LOCAL_PREF属性示例

图8-13中，R2通过R1学习到AS400中的路由，并将其通告给R3；同样，R3通过R4学习到AS400的路由，并将其通告给R2。两者路由的AS_PATH长度都是2，缺省的本地优先级都是100。

R2对接收到EBGP路由设置优先级为300，而R3对接收到EBGP路由设置优先级缺省是100。这样，R2忽略从R3通告过来的优先级小的路由；而R3选择从R2通告过来的优先级高的路由，因此AS100成为过渡自治系统。

3. BGP路由选择规则

ZXR10路由器BGP选择最优路由的步骤如下：

① 若下一跳不可达，则该路由被忽略，这也是NEXT_HOP属性是公认必遵的原因；

② 优选具有最大LOCAL_PREF值的路由；

③ 如果多条路由具有相同的LOCAL_PREF值，则先选由本路由器产生的路由；

④ 如果多条路由具有相同的LOCAL_PREF值，而且都不是本路由器产生的，则优选最短AS_PATH的路由；

⑤ 如果AS_PATH长度一样，则优选具有最小ORIGIN值的路由；

⑥ 如果ORIGIN值也相同，则优选具有最小多出口区分（Multi-Exit Discriminators，MED）值的路由；

⑦ 如果MED值也相同，则先选EBGP通告的路由，再选IBGP通告的路由；

⑧ 如果以上情况都相同，则优选在自治系统内部走最短的IGP路由可到达其下一跳的路由；

⑨ 如果内部路径也一样，则比较通告该路由的BGP路由器的ROUTER ID大小，选取具有最小ROUTER ID的路由器通告的路由；

⑩ 如果以上条件都一样，则选取对端路由器接口地址小的路由。

注意，如果设置了负载均衡，可以同时安装多条BGP路由时，条件⑧～⑩被忽略。

8.1.6　BGP 配置

配置基本 BGP 命令语句与配置内部路由协议所使用的语句类似，这里主要介绍 BGP 基本配置中常用的几条命令。

① 在全局模式下启动 BGP 进程。

router bgp as-number

② 在路由配置模式下配置 BGP 邻居。

neighbor ip-addr remote-as number

③ 在路由配置模式下使用 BGP 通告一个网络。

network network-number network-mask

1. 设置自治系统号

如果路由器在 AS100 中，配置 BGP 的方法如下。

```
Zte_a#config terminal
Zte_a(config)#router bgp 100
Zte_a(config-router)#
```

从路由器提示符我们可以看到路由器已经进入 BGP 路由配置模式。值得注意的是，一台路由器只能属于一个自治系统，因此 router bgp 后的自治系统是唯一的；如果输入其他自治系统号，系统将提示出错。

2. 关闭同步

通常情况下，BGP 路由器从 IBGP 邻居学习到路由，需要先检查该路由是否在 IGP 中存在，如果不存在，则不能把路由安装到全局路由表中，也不能将其通告给 EBGP 邻居。

如果需要把 IBGP 学习的路由安装到全局路由表中，那么需要关闭 BGP 的同步功能。对从 EBGP 邻居学习到的路由，不管路由器是否关闭同步功能，其都会向其他的邻居通告学习到的路由。

关闭 BGP 同步功能的配置如下。

```
Zte_a#config terminal
Zte_a(config)#router bgp 100
Zte_a(config-router)#no synchronizarion
```

3. 指定邻居

图 8-14 所示为两台 BGP 路由器的配置，注意，一台路由器可以有多个 BGP 邻居，例如路由器 B 既有 IBGP 邻居路由器 C，又有 EBGP 邻居路由器 A。

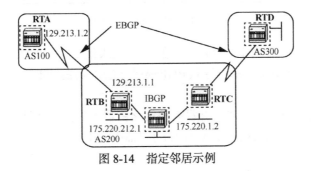

图 8-14　指定邻居示例

路由器A配置如下。

```
router bgp 100
neighbor 129.213.1.1 remote-as 200
```

路由器B配置如下。

```
router bgp 200
neighbor 129.213.1.2 remote-as 100
neighbor 175.220.1.2 remote-as 200
```

上述配置中，指定BGP邻居时，使用的都是对方的直连端口IP地址，彼此之间可以建立TCP连接。

通常，在非直接连接的路由器之间配置BGP路由协议，我们建议使用Loopback地址作为两者建立TCP连接的地址。因为Loopback地址有着永远不会"Down"的特点，而选择任何接口地址都有意外"Down"的危险。

如果使用Loopback地址实现BGP连接，需要注意以下几点。

① 先需要在两台路由器上配置Loopback地址。

② 为确保BGP建链成功，两台路由器之间的Loopback地址必须能够互相可达。我们常常使用静态路由配置，或者OSPF通告的方式，使得两台路由器能够学习彼此的Loopback地址。

③ 使用Loopback地址建链。首先指定对方Loopback地址作为BGP邻居，然后使用以下命令指定本地Loopback地址作为建立TCP连接的源IP地址：

Neighbor x.x.x.x remote-as yyyy；

Neighbor x.x.x.x update-source Loopback1。

这里x.x.x.x是指对端路由器的Loopback地址；同样，对端路由器指定本端路由器的Loopback1接口的IP地址作为其邻居。

对于EBGP连接，如果使用Loopback地址建链，还需要额外配置多跳的命令。

如图8-15所示，路由器A使用Loopback1地址（150.212.1.1）与路由器D的接口地址建立IBGP连接，因此在路由器A的配置中，先指定对端路由器B的某个接口地址作为邻居，然后注明本地Loopback1接口IP地址为TCP连接的源地址。

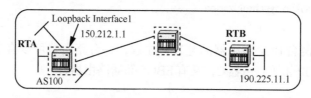

图8-15　指定邻居示例2

路由器B的配置中，必须指定路由器A的Loopback地址（150.212.1.1）作为邻居地址。两者中的任何一方配置错误，都会导致BGP邻居无法进入Established Status，而是停留在Connect Status。

请注意，上述示例中，路由器B并没有使用路由器A的接口地址作为TCP连接的地址，但BGP仍然能够正常建链，这是由TCP的握手机制决定的。

在EBGP的连接案例中,一般两台路由器物理直接连接的情况比较多,这时候可以使用互连端口的IP地址建立BGP连接,也可以指定双方的Loopback地址建立BGP连接,如图8-16所示。

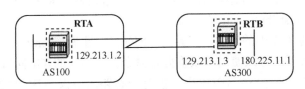

图8-16 指定邻居示例3

如果使用Loopback地址建立BGP连接,那么必须指定"多跳"连接。这是因为缺省情况下,EBGP连接时的BGP报包的TTL为1。即使底层的TCP连接能够建立,但是Open报文无法送达对端路由器的CPU,导致BGP连接无法进入Established状态。

多跳的概念只对EBGP而言,IBGP无此限制。

配置命令如下。

```
ZTE(config-route)#neighbor x.x.x.x ebgp-multihop y
```

如果不指定具体的跳数y值,那么系统缺省把TTL设置为最大值255。

在该案例中,路由器A使用本地接口地址129.213.1.2和路由器B的非直连端口地址180.225.11.1建立EBGP连接,因此路由器A上在指定邻居后,还必须补充配置"多跳"连接。

```
RTA(config)#router bgp 100
RTA(config-router)#neighbor 180.225.11.1 remote-as 300
RTA(config-router)# neighbor 180.225.11.1 ebgp-multihop
```

而对于路由器B而言,其发出的BGP报文TTL为1,但目的端口是路由器A的直连端口,因此路由器A能够把BGP报文上送CPU处理,BGP连接能够正常Established。

4. 宣告路由

在路由器A的路由表中存在192.213.0.0/16的路由或者其子网路由,无论它们是静态路由还是动态路由或者直连路由,在BGP配置中使用Network命令可以把它们全部输出到BGP路由信息表中,经过配置的路由策略的过滤或者属性设置被通告给BGP邻居或者被拒绝通告。

在ZXR10的BGP配置中,如果网络地址和掩码配置不规范,系统会自动把网络地址按照掩码长度进行修正。如配置了Network 192.213.0.1 255.255.0.0,在显示的时候,系统自动将其修正为Network 192.213.0.0 255.255.0.0。

对于Network通告的路由,其路由QRIGIN属性为"IGP"。

除了使用Network通告路由,有时候还使用重分布路由的方式把IGP路由重分发到BGP中进行通告,能够通过的路由类型如下。

```
GER-JT(config-router)#redistribute ?
connected  Connected
is-is-1    IS-IS level-1 routes only
is-is-1-2  IS-IS level-1 and level-2 routes
is-is-2    IS-IS level-2 routes only
ospf-ext   Open shortest path First(OSPF) external routes
```

```
ospf-int   Open shortest path First(OSPF) internal routes
rip        Routing information protocol(RIP)
static     Static routes
```

如果路由器配置了有关静态路由，需要把这些静态路由从BGP中进行通告，则在路由配置模式下使用redistribute static命令即可。

注意，重分布到BGP中的路由，其路由ORIGIN属性为Incomplete。

在路由配置模式下，可以使用多条重分布命令，把不同的IGP同时分布到BGP中去。

静态路由只能被单向分布到BGP中；但是动态路由协议与BGP之间可以实现双向重分布。在特殊的网络环境下，双向路由重分布容易导致路由环路，严重影响网络的正常运作，所以对于双向重分布要格外谨慎。我们通常采用路由过滤的方式，拒绝重分布到BGP中的路由再从BGP中被重分布到动态路由协议中。

在图8-17所示拓扑中，AS200中的路由器运行OSPF，同时RTC与AS300中的路由器D运行EBGP。路由器C需要把OSPF路由协议通告给RTD，不同自治系统之间的网络不允许运行IGP，这是因为IGP缺乏有效的控制过滤机制。所以，必须在路由器C上使用路由重分布的方式，把OSPF路由重分布到BGP中，并通告给路由器D。

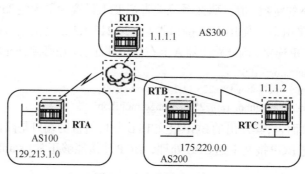

图8-17 宣告路由示例

在以上配置中，路由器C运行在OSPF的骨干区域中。OSPF的路由分为域内路由、域间路由和外部路由三种类型，如果只需要把OSPF域内路由重分布到BGP中，则配置如下。

```
ZTE(config)#router bgp 200
ZTE(config-router)#neighbor 1.1.1.1 remote-as 300
ZTE(config-router)#redistribute ospf-int
```

如果还需要把OSPF外部路由也重分布到BGP中，则还需配置以下命令。

```
ZTE(config-router)#redistribute ospf-ext
```

5. BGP命令显示

在BGP相关配置结束后，首先应该观察的是BGP的连接状态，其命令和输出如下。

```
GER#show ip bgp summary
Neighbor        Ver  As   MsgRcvd  MsgSend  Up/Down(s)  State
222.34.128.68   4    100  4        0        00:00:30    Established
```

通过以上输出，我们可以看到每个BGP邻居的IP地址、版本号、自治系统号、收发的BGP Update报文的数量、BGP建链的时间、当前连接时的状态，只有Established状态才是BGP建链成功的状态。

显示BGP邻居的详细信息如下。

```
GER#show ip bgp neighbor
BGP neighbor is 222.34.128.68, remote AS 100, internal link
BGP version 4, remote router ID 222.34.129.12
BGP state = Established, up for 00:06:29
Last read update 00:05:59, hold time is 90 seconds, keepalive interval is 30
seconds
Neighbor capabilities:
Route refresh: advertised and received
Address family IPv4 Unicast: advertised and received
All received 18 messages
5 updates, 0 errs;  1 opens, 0 errs;  12 keepalives;  0 vpnv4 refreshs,
0 ipv4 refreshs, 0 errs;  0 notifications, 0 other errs
```

在以上部分显示中，可以看到邻居的自治系统号、邻居的BGP版本号、邻居的Router ID信息如下。

```
BGP neighbor is 222.34.128.68, remote AS 100, internal link
BGP version 4, remote router ID 222.34.129.12
```

还可以看到当前BGP建链后维持的时间和具体的Keepalive和Hold定时器的值，具体如下。

```
BGP state = Established, up for 00:06:29
Last read update 00:05:59, hold time is 90 seconds, keepalive interval is 30 seconds
GER#show ip bgp neighbor
After last established received 16 messages
5 updates, 0 errs;  0 opens, 0 errs;  11 keepalives;  0 vpnv4 refreshs,
0 ipv4 refreshs, 0 errs;  0 notifications, 0 other errs
All sent 19 messages
5 updates, 1 opens, 13 keepalives;  0 vpnv4 refreshs, 0 ipv4 refreshs,
0 notifications
After last established sent 17 messages
5 updates, 0 opens, 12 keepalives;  0 vpnv4 refreshs, 0 ipv4 refreshs,
0 notifications
```

以上部分显示中，可以看到与该邻居之间历史上发生的全部BGP报文的收发数量。

```
All received 18 messages
5 updates, 0 errs;  1 opens, 0 errs;  12 keepalives;  0 vpnv 4 refreshs,
0 ipv4 refreshs, 0 errs;  0 notifications, 0 other errs
All sent 19 messages
5 updates, 1 opens, 13 keepalives;  0 vpnv4 refreshs, 0 ipv4 refreshs,
0 notifications
```

还可以看到最近建链以来的BGP报文的收发数量的统计。

```
After last established received 16 messages
5 updates, 0 errs;  0 opens, 0 errs;  11 keepalives;  0 vpnv 4 refreshs,
0 ipv4 refreshs, 0 errs;  0 notifications, 0 other errs
After last established sent 17 messages
5 updates, 0 opens, 12 keepalives;  0 vpnv4 refreshs, 0 ipv4 refreshs,
0 notifications
GER#show ip bgp neighbor
```

```
For address family: IPv4 Unicast
All received nlri 19, unnlri 0, 18 accepted prefixes
All sent nlri 19, unnlri 0, 19 advertised prefixes; maximum limit 4294967295
Minimum time between advertisement runs is 30 seconds
Minimum time between origin runs is 15 seconds
For address family: VPNv4 Unicast no activate
All received nlri 0, unnlri 0, 0 accepted prefixes
All sent nlri 0, unnlri 0, 0 advertised prefixes；   maximum limit 4294967295
Connections established 1
Local host: 222.34.128.72, Local port: 1033
Foreign host: 222.34.128.68, Foreign port: 179
```

以上部分显示中，我们可以看到从对端邻居学习到的路由条目数量以及其中有效的条目数量。

```
All received nlri 19, unnlri 0, 18 accepted prefixes
```

还有发送出去的BGP路由条目数量。

```
All sent nlri 19, unnlri 0, 19 advertised prefixes
```

以及BGP的当前状态和TCP连接的地址与端口号。

```
Connections established 1
Local host: 222.34.128.72, Local port: 1033
Foreign host: 222.34.128.68, Foreign port: 179
```

如果发生了BGP断链，该命令的最后将显示Notification消息的具体类型，这为故障诊断提供了便利。

BGP路由表的详细信息如下。

```
GER-DH#show ip bgp route
Status codes: *valid, >best, i-internal
Origin codes: i-IGP, e-EGP, ?-incomplete
Dest          NextHop        Metric  LocPrf  RtPrf  Path
*> 222.34.129.1/32 0.0.0.0             110    i
*I222.34.129.1/32 222.34.128.65       100    200   i
*>222.34.129.2/320.0.0.0              110    i
*i 222.34.129.2/32 222.34.128.65      100    200   i
*>222.34.129.3/320.0.0.0              110    i
*i 222.34.129.3/32 222.34.128.65      100    200   i
```

BGP路由表与路由器全局路由表不同，它是BGP学习到的所有有效路由，它根据BGP选择最优路由的规则挑选出最优的路由，这些最优的路由是否能够被安装到全局路由表中，还要根据不同协议的管理距离来决定，如BGP学习到一条IBGP最优路由，而OSPF也学习到该路由，则全局路由表选择的是OSPF路由，因为OSPF的管理距离（100）比IBGP的管理距离（200）小。

在show ip bgp route的输出中，可以看到路由条目前边的"*"表示该路由有效路由，带有">"标志的路由是最优路由，带有"i"标志的路由是IBGP路由，没有"i"标志的路由则是EBGP路由或者本地产生的路由。NEXT_HOP条目下的地址表示BGP路由的下一跳，全0的下一跳表示该路由是本路由器自己产生的。LOCAL_PRE下的值是BGP学习到的路由的本地优先级，缺省是100。PATH字段表明了该路由的起源，有IGP、EGP、Incomplete三种类型。

▶▶8.2　任务二：路由器IBGP邻居建立

8.2.1　任务描述

如图8-18所示，两台路由器通过直连接口建立IBGP邻居，使用两台通用高性能路由器（GAR）通过Loopback接口建立IBGP邻居。

图 8-18　路由器 IBGP 建立

8.2.2　任务分析

① 如拓扑所示，对路由器进行基本配置；
② 如拓扑所示，启动BGP路由协议，配置自治系统号，配置邻居；
③ 使用Loopback接口建立IBGP邻居；
④ 验证网络的连通性。

8.2.3　任务配置

GAR使用直连接口建立IBGP邻居的参考配置。

R1配置如下。

```
router bgp 100
neighbor 10.1.1.1 remote-as 100 // 建立域为 100 的 IBGP 邻居
neighbor 10.1.1.1 activate // 可不配置 , 系统自动配置
```

R2配置如下。

```
router bgp 100
neighbor 10.1.1.2 remote-as 100
neighbor 10.1.1.2 activate
```

GAR使用Loopback接口建立IBGP邻居的参考配置。

R2配置如下。

```
ip route 1.1.1.1 255.255.255.255 10.1.1.2 // 保证两边的 Loopback 地址要能互相 Ping 通
router bgp 100
neighbor 1.1.1.1 remote-as 100
neighbor 1.1.1.1 activate
```

neighbor 1.1.1.1 update-source Loopback1 // 指定使用 Loopback 地址发送消息，建立连接

R1 配置如下。

ip route 1.1.1.2 255.255.255.255 10.1.1.1 // 保证两边的 Loopback 地址要能互相 Ping 通
router bgp 100
neighbor 1.1.1.2 remote-as 100
neighbor 1.1.1.2 activate
neighbor 1.1.1.2 update-source Loopback1 // 指定使用 Loopback 地址发送消息，建立连接

8.2.4　任务验证

使用 show ip bgp neighbor 命令可查看是否成功建立 IBGP 邻居。

R1# show ip bgp neighbor
BGP neighbor is 10.1.1.1, remote AS 100, internal link //R1 的邻居为 10.1.1.1，为 internal link
BGP version 4, remote router ID 1.1.1.2
BGP state = Established, up for 00:03:50　//BGP 状态为 Established，表示已成功建立 BGP 连接
hold time is 90 seconds, keepalive interval is 30 seconds
Neighbor capabilities:
Route refresh: advertised and received
Address family IPv4 Unicast: advertised and received
All received 9 messages
0 updates, 0 errs
1 opens, 0 errs
8 keepalives
0 vpnv4 refreshs, 0 ipv4 refreshs, 0 errs
0 notifications, 0 other errs
After last established received 7 messages
0 updates, 0 errs
0 opens, 0 errs
7 keepalives
0 vpnv4 refreshs, 0 ipv4 refreshs, 0 errs
0 notifications, 0 other errs
All sent 9 messages
0 updates, 1 opens, 8 keepalives
0 vpnv4 refreshs, 0 ipv4 refreshs, 0 notifications
After last established sent 7 messages
0 updates, 0 opens, 7 keepalives
0 vpnv4 refreshs, 0 ipv4 refreshs, 0 notifications
For address family: IPv4 Unicast
All received nlri 0, unnlri 0, 0 accepted prefixes
All sent nlri 0, unnlri 0, 0 advertised prefixes
maximum limit 4294967295
Minimum time between advertisement runs is 30 seconds
Minimum time between origin runs is 15 seconds

For address family: VPNv4 Unicast no activate
All received nlri 0, unnlri 0, 0 accepted prefixes

```
All sent nlri 0, unnlri 0, 0 advertised prefixes
maximum limit 4294967295
Connections established 1    // 成功建立连接的次数
Local host: 10.1.1.2, Local port: 1024  // 建立连接时使用的本地地址及端口
Foreign host: 10.1.1.1, Foreign port: 179  // 建立连接时使用的外部地址及端口
```
如果使用 Loopback 地址建立 IBGP 邻居，则上面命令显示的最后两行如下：
```
Local host: 1.1.1.2, Local port: 179
Foreign host: 1.1.1.1, Foreign port: 1026
```

我们也可以使用show ip bgp summary命令查看，状态为Established即为建立成功。

```
R2#show ip bgp summary
Neighbor     Ver As   MsgRcvd  MsgSend  Up/Down(s)   State
10.1.1.2     4  100  1        1        00:00:37     Established
```

8.3　任务三：路由器建立EBGP邻居

8.3.1　任务描述

如图 8-19 所示，GAR 使用直连接口建立 EBGP 邻居。

图 8-19　路由器建立 EBGP 邻居

8.3.2　任务分析

① 如图 8-19 所示，对路由器进行基本配置；
② 如图 8-19 所示，启动 BGP 路由协议，配置自治系统号，配置邻居；
③ 使用直连接口建立 EBGP 邻居；
④ 验证网络的连通性。

8.3.3　任务配置

GAR 使用直连接口建立 EBGP 邻居的参考配置。

R1 配置如下。
```
router bgp 100
neighbor 10.1.1.1 remote-as 200
neighbor 10.1.1.1 activate
```

R2 配置如下。
```
router bgp 200
neighbor 10.1.1.2 remote-as 100
neighbor 10.1.1.2 activate
```

8.3.4 任务验证

使用 show ip bgp neighbor 命令查看是否成功建立 EBGP 邻居。

```
R2(config)# show ip bgp neighbor
BGP neighbor is 10.1.1.2, remote AS 100, external link //R2 邻居为 10.1.1.2, 为 external link
BGP version 4, remote router ID 1.1.1.1
BGP state = Established, up for 00:01:06 //BGP 状态为 Established, 即成功建立连接
hold time is 90 seconds, keepalive interval is 30 seconds
Neighbor capabilities:
Route refresh: advertised and received
Address family IPv4 Unicast: advertised and received
All received 3 messages
0 updates, 0 errs
1 opens, 0 errs
2 keepalives
0 vpnv4 refreshs, 0 ipv4 refreshs, 0 errs
0 notifications, 0 other errs
After last established received 1 messages
0 updates, 0 errs
0 opens, 0 errs
1 keepalives
0 vpnv4 refreshs, 0 ipv4 refreshs, 0 errs
0 notifications, 0 other errs
All sent 3 messages
0 updates, 1 opens, 2 keepalives
0 vpnv4 refreshs, 0 ipv4 refreshs, 0 notifications
After last established sent 1 messages
0 updates, 0 opens, 1 keepalives
0 vpnv4 refreshs, 0 ipv4 refreshs, 0 notifications
For address family: IPv4 Unicast
All received nlri 0, unnlri 0, 0 accepted prefixes
All sent nlri 0, unnlri 0, 0 advertised prefixes
maximum limit 4294967295
Minimum time between advertisement runs is 30 seconds
Minimum time between origin runs is 15 seconds
For address family: VPNv4 Unicast no activate
All received nlri 0, unnlri 0, 0 accepted prefixes
All sent nlri 0, unnlri 0, 0 advertised prefixes
maximum limit 4294967295
Connections established 1
Local host: 10.1.1.1, Local port: 1034 // 建立连接时所使用的本地 IP 地址及端口
Foreign host: 10.1.1.2, Foreign port: 179 // 建立连接时所使用的外部 IP 地址及端口
```

我们也可使用 show ip bgp summary 查看是否成功建立连接。

```
R2(config)#show ip bgp summary
Neighbor    Ver As  MsgRcvd  MsgSend  Up/Down(s)  State
10.1.1.2    4  100  2        2        00:01:25    Established
```

知识总结

1. BGP基础报文。
2. BGP建立邻居过程。
3. BGP对等体通过路由的流程。
4. IBGP建立邻居和EBGP建立邻居过程。
5. BGP调整路由优先级方式。

思考与练习

1. BGP通过以下何种方式在两个相邻体之间建立会话（　　）
  A. Telnet   B. 发 Hello Packet C. UDP   D. TCP

2. 在过渡AS内，为什么在核心路由器上需要运行BGP（　　）
  A. 为防止路由环路   B. 保证数据包可以被转发到其他自治系统
  C. 优化AS内部的网络   D. 保证只有一个出口指向外部区域

3. BGP和自治系统之间的正确关系是（　　）
  A. BGP只能被应用在自治系统之间，不能被应用在自治系统内部
  B. BGP是运行在自治系统之间的路由协议，而 OSPF、RIP 及 IS-IS 等协议应用在
   自治系统内部
  C. BGP通过在自治系统之间传播链路信息的方式来构造网络拓扑结构
  D. BGP不能跨自治系统

4. 私有AS号的范围（　　）
  A. 65410～65535 B. 1～64511   C. 64512～65535 D. 64511～65535

5. BGP在传输层采用TCP来传送路由信息，使用的端口号是（　　）
  A. 520   B. 89   C. 179   D. 180

6. BGP发送路由的方式是（　　）
  A. 周期性广播所有路由   B. 周期性组播发送所有路由
  C. 只发送发生改变的路由   D. 对等体请求才发送

实践活动

查看公网BGP路由器路由表信息

1. 实践目的
掌握BGP信息的基本查看命令。
2. 实践要求
学生查看分析BGP表和路由表。
3. 实践内容
① 在DOS窗口下输入 telnet route-views3.routeviews.org。
② 使用 show ip bgp 等命令查看公网上BGP路由器表项。

项目 9 IPv6 技术及应用

项目引入

经过一段时间的学习和积累，小李发现互联网技术的发展速度是非常惊人的，他经常听到"物联网"这个词，顾名思义，所有物品都要连接到网络，这就需要给每个物品分配IP地址，那么势必会导致IP地址紧缺，于是小李就开始担心了……

小李：主管，你说随着物联网的快速发展，将来IP地址不够用了怎么办呢？

主管：小李啊，你应该看看IPv6了，IPv6地址资源非常庞大，号称可以为地球上每粒沙子分配一个IPv6地址。

小李：真的假的？（听他的口气表示不信……）

不管小李信不信，我反正是信了。如果你不信，那就该好好学习本章内容了。

学习目标

1. 识记：IPv6的概述及报文的格式。
2. 掌握：IPv6的配置及路由配置。
3. 领会：IPv4到IPv6的过渡技术（双栈和隧道）。

9.1 任务一：IPv6原理及基本配置

9.1.1 预备知识

1. IPv6概述

（1）IPv4地址匮乏问题日益突出

IPv4地址具有32位的固定长度，理论上可提供大约40亿个地址，IPv4规范被制定时，这40亿个地址是足够的。但在20世纪90年代初期，Internet团体不得不在地址体系结构和地址分配机制中引入许多修改，以满足增长的地址需求。IPv4地址的极大浪费由以下两个原因产生：

① 分类地址的不明智分配。常常一些实体拥有的主机数刚刚超过255台就申请了B类地址（B类地址能够容纳65000台主机）；

② 用户不用回答他们地址请求的适当性。当人们开始预测地址枯竭时,实际上仅有3%的已分配地址在使用。

（2）IPv6的特点

从IPv4到IPv6的主要变化概括如下。

IPv6的地址增加到128位,这解决了IPv4地址空间有限的问题,并提出一个更深层次的编址层次以及更简单的配置方式。协议内置的自动配置机制可以方便用户配置IPv6地址。

IPv6的报头固定为40字节,这刚好容下8字节的报头和两个16字节的IP地址（源地址和目的地址）。IPv6的报头中去掉了IPv4报头中的一些字段,或者是将其变为可选项。这样,数据包可以更快地被处理。

对于IPv4,选项集成于基本的IPv4报头中,而对于IPv6,这些选项被作为扩展报头来处理。扩展报头是可选项,如果有必要,可以插入IPv6报头和实际数据之间。这样,IPv6数据包的生成就变得很灵活且高效,IPv6的转发效率要高很多。将来要定义的新选项能够很容易地进行集成。

IPv6指定了固有的对身份验证的支持,以及对数据完整性和数据机密性的支持。

属于同一传输流,且需要特别处理或需要服务质量的数据包,可以由发送者进行标记。

（3）IPv6标准化现状

目前,IPv6相关的标准化文档如下所示。

RFC 2373: IP Version 6 Addressing Architecture.

RFC 2374: An IPv6 Aggregatable Global Unicast Address Format.

RFC 2460: Internet Protocol, Version 6 (IPv6) Specification.

RFC 2461: Neighbor Discovery for IP Version 6 (IPv6).

RFC 2462: IPv6 Stateless Address Autoconfiguration.

RFC 2463: Internet Control Message Protocol (ICMPv6) for the Internet Protocol Version 6 (IPv6) Specification.

RFC 1886: DNS Extensions to Support IP Version 6.

RFC 1887: An Architecture for IPv6 Unicast Address Allocation.

RFC 1981: Path MTU Discovery for IP Version 6.

RFC 2080: RIPng for IPv6.

RFC 2473: Generic Packet Tunneling in IPv6 Specification.

RFC 2526: Reserved IPv6 Subnet Anycast Addresses.

RFC 2529: Transmission of IPv6 over IPv4 Domains Without Explicit Tunnels.

RFC 2545: Use of BGP-4 Multiprotocol Extensions for IPv6 Inter-Domain Routing.

RFC 2710: Multicast Listener Discovery (MLD) for IPv6.

RFC 2740: OSPF for IPv6.

2. IPv6地址

（1）IPv6地址表示方法

IPv6地址是128位的,由8组16位字段组成,中间由冒号隔开,每个字段由4个十六进制数字组成。下面是两个IPv6地址示例：

FEDC:CDB0:7674:3110:FEDC:BC78:7654:1234；

2101:0000:0000:0000:0006:0600:200C:416B。

IPv6地址空间非常大，不容易书写和记忆，有一些方法可以压缩地址以便使用。

IPv6地址中往往会有很多零，在16位字段中，可以删除前面的零，但每个字段至少要有一个数字（只有一种情况是例外的，后面会提到）。上面示例中的第一个地址在任何字段中前面都没有零，因此不能被压缩。第二个地址可以被压缩为：2101:0:0:0:6:600:200C:416B。

我们在此基础上可以继续压缩多个字段的零,使用双冒号（::）代替多个字段的零,如：2101::6:600:200C:416B。

注意：双冒号（::）在每个IPv6地址中只能使用一次，多个双冒号会引起歧义，比如，将IPv6地址2101:0000:0000:3246:0000:0000:200C:416B压缩为2101::3246::200C:416B，就不能分清每个双冒号代表多少个零。

IPv6地址前缀的表示方法和IPv4相同：IPv6地址/地址前缀长度。

56位地址前缀300A00000000CD的正确表示方法如下：

300A::CD00:0:0:0:0/56；

300A:0:0:CD00::/56。

注意：双冒号（::）在IPv6地址中只能出现一次。

（2）IPv6地址类型

IPv6地址有3种类型。

①单播地址：标识单个节点，目的地为单播地址的流量被转发到单个节点。

②组播地址：标识一组节点，目的地为组播地址的流量被转发到组里的所有节点。

③任意播地址：标识一组节点，目的地为任意播地址的流量被转发到组里的最近节点。

在IPv6中没有广播地址，它的功能被组播地址取代。

IPv6地址的开头几位决定了IPv6地址类型，这开头几位是可变长的，称为格式前缀，具体见表9-1。

表9-1　IPv6地址空间

分配	前缀	地址空间占有率
保留	0000 0000	1/256
未分配	0000 0001	1/256
为NSAP分配保留	0000 001	1/128
为IPX分配保留	0000 010	1/128
未分配	0000 011	1/128
未分配	0000 1	1/32
未分配	0001	1/16
可聚合全球单播地址	001	1/8
未分配	010	1/8
未分配	011	1/8
未分配	100	1/8
未分配	101	1/8

（续表）

分配	前缀	地址空间占有率
未分配	110	1/8
未分配	1110	1/16
未分配	1111 0	1/32
未分配	1111 10	1/64
未分配	1111 110	1/128
未分配	1111 1110 0	1/512
本地链路单播地址	1111 1110 10	1/1024
本地站点单播地址	1111 1110 11	1/1024
组播地址	1111 1111	1/256

1）单播地址

在IPv6中，单播地址格式反映了3种预定义范围，具体如下所示。

① 本地链路范围：在单个第2层域内，标识所有主机。在这个范围内的单播地址称为本地链路地址。

② 本地站点范围：在一个管理站点或域内，标识所有可达设备，在这个范围内的单播地址称为本地站点地址。

③ 全球范围：在Internet中标识所有可达设备，在这个范围内的单播地址称为可聚合全球单播地址。

a）本地链路地址

当支持IPv6的节点上线时，每个接口缺省地配置一个本地链路地址，该地址专门用来和相同链路上的其他主机通信。本地链路定义了这些地址的范围，因此分组的源地址或目的地址是本地链路地址的，不应该被发送到其他链路上。本地链路地址通常被用在邻居发现协议和无状态自动配置中。

本地链路地址由前缀FE80::/10（1111 1110 10）、后续54个0和接口标识组成，具体见表9-2。

表9-2　本地链路地址字段

10 bit	54 bit	64 bit
1111111010	0	接口标识

接口标识可以用修改的EUI-64格式构造而成，有以下两种情况。

一是对于所有IEEE 802接口类型（如以太网和FDDI），接口标识的前3个字节（24位）取自48位链路层地址（MAC地址）的机构唯一标识（OUI），第四和第五字节是固定的十六进制数FFFE，最后3个字节(24位)取自MAC地址的最后3个字节。在完成接口标识前，需要设置通用/本地位（第一个字节的第7位）为0或1，当设置为0时，表示定义了一个本地范围，当设置为1时，表示定义了一个全球范围。

二是对于其他接口类型（如接口、ATM、帧中继等），接口标识的形成方法和IEEE 802接口类型相同，不过使用的是设备MAC地址池中的第一个MAC地址，因为这些接口类型没有MAC地址。

b）本地站点地址

本地站点地址由前缀FEC0::/10（1111 1110 11）、后续38个0、子网标识和接口标识组成，它可以被分配给一个站点使用，而不占用全球单播地址。本地站点地址与IPv4的私有地址类似，只能在本地站点内使用，其格式见表9-3。

表9-3 本地站点地址字段

10 bit	38 bit	16 bit	64 bit
1111111011	0	子网标识	接口标识

c）可聚合全球单播地址

可聚合全球单播地址定义用于IPv6 Internet，它们是全球唯一的和可路由的。保留用作全球范围通信的IPv6地址由它们的高三位设置为001（2000::/3）来识别。

可聚合全球单播地址使用严格的路由前缀聚合，缩小了路由表中的条目，其格式见表9-4。

表9-4 可聚合全球单播地址字段

3 bit	45 bit	16 bit	64 bit
格式前缀	全球路由前缀	站点级聚合标识	接口标识

表中字段说明如下。

① 格式前缀：可聚合全球地址的格式前缀，3位长，目前该字段为"001"。

② 全球路由前缀：45位长。

③ 站点级聚合标识：16位的站点级聚合标识被单个机构用在自己的地址空间中划分子网，其功能与IPv4中的子网类似，可以支持多达65535个子网。

④ 接口标识：地址的低64位用来标识节点在一条链路上的接口。

d）特殊用途的地址

还有一些特殊用途的地址也是我们需要讨论的，具体如下所示。

① 未指定的地址。未指定的地址值为0:0:0:0:0:0:0:0，相当于IPv4中的0.0.0.0。它表示暂未指定一个合法地址，例如，它可以被一台主机用来在其发出地址配置信息请求的启动过程中作为源地址。未指定地址也可以缩写为::。不能将此地址静态或动态地分配给一个接口，也不能使之作为目的IP地址出现。

② 回环地址。回环地址被每个节点用来指其自身，它类似于IPv4中的127.0.0.1地址。在IPv6中，回环地址将其前127位全部设置为0，最后位设置为1，它被表示为0:0:0:0:0:0:0:1或压缩形式的::1。

③ 映射到IPv4的IPv6地址。这类地址用来将一个IPv4节点的地址表示成IPv6格式。一个IPv6节点可以使用这种地址向一个只存在于IPv4的节点发送数据包。该地址的低32位也带有IPv4地址，具体见表9-5。

表9-5 可聚合全球单播地址字段

80 bit	16 bit	32 bit
0000…0000	FFFF	IPv4地址

2）任意播地址

当相同的单播地址被分配给多个接口时，该地址就成为一个任意播地址。因为任意播地址从结构上不能和单播地址区别开来，必须配置一个节点使之理解为其接口指定的一个地址是任意播地址。目的地址为任意播地址的数据包被送到拥有该地址的最近接口。

任意播地址被定义了如下的规则：

① 一个任意播地址不能用作IPv6数据包的源地址；

② 任意播地址不能被分配给一个IPv6主机，只能被分配给IPv6路由器。

我们可以为一个公司所有提供因特网的路由器都配置一个专门的任意播地址。每当一个数据包被发送到该任意播地址时，它就会被发送到距离最近的提供因特网访问的路由器上。

一个必需的任意播地址是子网路由器任意播地址，具体见表9-6。该地址就像一个平常的单播地址，只是其前缀指定了子网和一个全0的标识符。发送到这个地址的数据包会被转送到该子网中的一个路由器上。所有的路由器和它们有接口连接的子网都必须支持其路由器任意播地址。

表9-6　子网路由器任意播地址字段

128 bit	
子网前缀	0000…0000

RFC 2526提供了更多关于任意播地址格式的信息并且规定了其他保留的子网任意播地址和ID。一个保留的子网任意播地址可以具有如图9-1所示的两种格式之一。

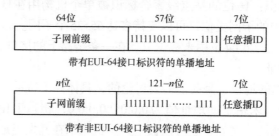

图 9-1　IPv6 的任意播地址格式

表9-7中为目前已经保留的任意播ID。

表9-7　已经保留的任意播ID

十进制	十六进制	说明
127	7F	保留
126	7E	移动IPv6家庭代理
0～125	00～7D	保留

3）组播地址

组播地址是一组节点的标识符，由高位字节FF或二进制表示的1111 1111来标识。一个节点可以属于多个组播组。IPv6组播地址的格式见表9-8。

表9-8 IPv6组播地址格式

8 bit	4 bit	4 bit	112 bit
11111111	标志	范围	组标识

表中字段说明如下。

① 地址格式中的第一个字节为全"1"，标识其为组播地址。

② 标志字段的前三位必须是0，它们是为将来的使用而保留的。标志字段的最后一位表示该地址是否被永久分配，也就是说，它是IANA分配的共知的组播地址，是一个临时的组播地址。如果最后一位为0,表示这是一个众所周知的地址;1则表示这是一个临时地址。

③ 范围字段用于限制组播组的范围，数值对应的范围见表9-9。

表9-9 IPv6组播范围值

数值	范围
1	本地接口
2	本地链路
5	本地站点
8	本地机构
E	全球

地址的最后112位携带着组播组标识。RFC2375定义了那些被永久分配的IPv6组播地址的初始分配方案。有些地址被分配给固定的范围，有些地址则在所有的范围内都有效。表9-10给出了目前为固定范围而分配的地址。注意：紧随组播标识符FF（第一个字节）之后的字节为范围值。

表9-10 固定范围的IPv6组播地址示例

组播地址	范围	范围内的组
FF01:0:0:0:0:0:0:1	本地节点	所有节点地址
FF01:0:0:0:0:0:0:2	本地节点	所有路由器地址
FF02:0:0:0:0:0:0:1	本地链路	所有节点地址
FF02:0:0:0:0:0:0:2	本地链路	所有路由器地址
FF02:0:0:0:0:0:0:5	本地链路	OSPF
FF02:0:0:0:0:0:0:6	本地链路	OSPF指定路由器
FF02:0:0:0:0:0:0:D	本地链路	所有PIM路由器
FF02:0:0:0:0:0:0:16	本地链路	所有支持MLDv2的路由器
FF02:0:0:0:0:0:1:2	本地链路	所有DHCP代理
FF02:0:0:0:0:1:FFXX:XXXX	本地链路	被请求节点地址
FF05:0:0:0:0:0:0:2	本地站点	所有路由器地址
FF05:0:0:0:0:0:1:3	本地站点	所有DHCP服务器

每个节点必须为分配给它的每个单播和任意播地址加入一个请求节点组播组。请

求节点组播地址是针对分配给一个接口的每个单播和任意播前缀产生的，地址格式是FF02::1:FF00:0000/104，其低24位与产生它的单播地址或任意播地址相同。

例如，一台主机的IPv6地址是4037::01:800:200E:8C6C，相应的请求节点组播地址就是FF02::1:FF0E:8C6C。如果该主机具有其他的IPv6单播或任意播地址，那么每个地址都将有一个相应的请求节点组播地址。该地址常用于重复地址检测（DAD）。

4）一个接口需要的IPv6地址

为了确保IPv6正确运行，每台支持IPv6的主机必须支持下列类型的地址：

① 回环地址；

② 本地链路地址；

③ 分配的单播或任意播地址；

④ 全节点组播地址；

⑤ 主机所属的所有组的组播地址；

⑥ 对分配给它的每个单播和任意播地址，必须具有请求节点组播地址。

一台路由器必须识别上述所有地址以及下列地址：

① 子网路由器任意播地址；

② 所有配置的组播地址；

③ 所有路由器组播地址。

3. IPv6报文格式

（1）IPv6基本报头

在介绍IPv6基本报头前，我们先来对比一下IPv4和IPv6的报头格式，具体见表9-11和表9-12。

表9-11　IPv4报头格式

4-版本	4-报头长	8-服务类型		16-总长度	
16-标识			4-标志	12-分段偏移	
8-存活时间		8-协议号		16-头部校验和	
32-源IP地址					
32-目的IP地址					
24-选项				8-填充	
数据部分					

表9-12　IPv6报头格式

4-版本	4-流量类型	24-流标签	
16-净荷长度		8-下一报头	8-跳数限制
128-源IPv6地址			
128-目的IPv6地址			
扩展报头信息			
数据部分			

与IPv4相比，IPv6报头做了如下改变。

1）基本报头的固定长度

IPv6的基本报头长度固定为40字节，这有利于快速进行报头处理。固定长度使报头长字段没有了。由选项提供的功能通过扩展报头来实现，我们在后面会详细介绍。选项和填充都从IPv6报头中去除了。

2）报文分片仅由流量的源点处理

在发送IPv6流量之前，源点执行路径MTU（PMTU）发现，之后以发现的PMTU长度发送分组，将路由器从报文分片的任务中解脱出来。因此，IPv4头部中与分片相关的三个字段（标识、标志和分段偏移）在IPv6中被去除了。

3）去除了头部校验和

由于存活时间值在变化，因此交换分组的每个节点必须重新计算IP头部校验和，这加重了路由器资源负担。自从IPv4出现以来，数据链路技术的提高和32位循环冗余校验（CRC）支持以及第四层校验和提供了足够的保护，使第三层头部校验和不再是必需的。因此，IPv6中去除了分组头部校验和，而在高层中得到增强。

IPv6报头中的字段说明如下。

a）版本

IP版本，其值设置为6。

b）流量类型

与IPv4报头中的服务类型相同，该字段携带使网络设备能够以不同方式分类并转发分组的信息。它是用于实现服务质量（QoS）的一个重要的服务标识符。

c）流标签

这个字段标识了一个流，其目的是不需要在分组中进行深度搜索，网络设备能够识别应该以类似方式处理的分组。RFC 3697中给出了该字段的规范。字段由源设置，不应该被到达目的地路径上的网络设备修改。

d）净荷长度

净荷长度表示整个分组的长度。

e）下一报头

该字段扩展了IPv4报头中协议号的功能。它指明直接跟随基本报头的信息类型，可能是一个扩展报头或高层协议。

f）跳数限制

在IPv6中，IPv4 TTL被重命名为跳数限制，因为它是在每一跳都要被减1的变量，而且它不具有时间维度。

（2）IPv6扩展报头

IPv6报头和上层协议报头之间可以有一个或多个扩展报头，也可以没有。每个扩展报头由前面报头的下一报头字段标识。扩展报头只被IPv6报头的目的地址字段所标识的节点进行检查或处理。如果目的地址字段的地址是组播地址，则扩展报头可被属于该组播组的所有节点检查或处理。扩展报头必须严格按照在数据报文中出现的顺序进行处理。

扩展报头只被目的节点处理，这大大提高了报文的转发效率，但有一个例外，那就是逐跳选项报头，其承载的信息必须被报文经过路径上的每个节点检查和处理。如果有逐跳选项报头，则必须紧接在基本IPv6报头之后。

节点是否检查或处理扩展报头取决于前一报头中的相关信息，如果在单个数据包中使用多个扩展报头，则应该使用表9-13中的报头顺序。

表9-13　报头顺序

顺序	报头	前一报头的Next-Header数值
1	基本IPv6报头	—
2	逐跳选项报头	0
3	目的选项报头	60
4	路由选择报头	43
5	分片报头	44
6	认证报头	51
7	封装安全净荷报头	50
8	目的选项报头	60

表9-13中目的选项报头出现了两次，它在不同的位置上意义不同，当出现在路由选择报头之前时，它将被IPv6目的地址字段中第一个出现的目的地址以及随后在路由选择报头中列举的目的地址进行处理。当目的选项报头出现时，数据包中没有路由选择报头或者目的选择报头在路由选择报头之后，那么该目的选项报头只由数据包最终目的地址进行处理。图9-2显示了扩展报头的使用。

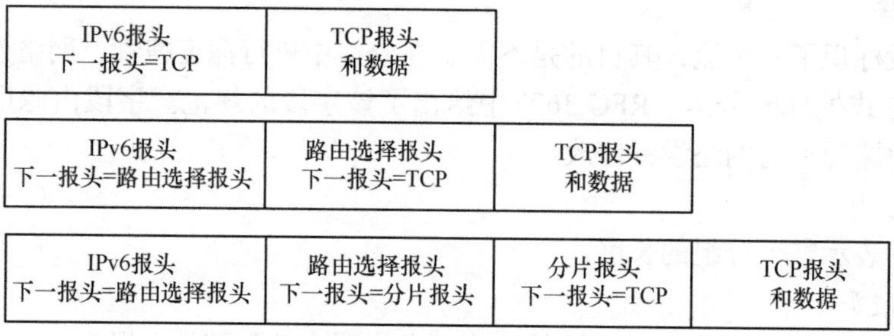

图9-2　扩展报头的使用

在每个报头中，下一报头字段标识下一个报头。节点在检查了IPv6报头后，如果它不是最终目的地，或者下一个报头不是逐跳选项报头，数据包将被转发；如果节点是最终目的地，它将按顺序处理每个报头。

逐跳选项报头携带着必须由数据包经过路径上的每个节点检查的可选信息。它必须紧跟在IPv6报头后，确保了沿途的路由器在检查逐跳选项报头时，不需要处理其他的扩展报头。

目的选项报头携带着只由目的节点检查的可选信息。当目的选项报头出现在路由选择报头前时，它将被路由选择报头中的所有节点处理。当目的选项报头出现在上层协议报头前时，它只被目的节点处理。

路由选择报头用来给出一个或多个数据包在到达目的地的路径上应该经过的中间节点。IPv6报头中包含了需要访问的第一个节点，路由选择报头中包含了剩下的节点，包括最终目的地。

路由选择报头中包括如下字段。

① 下一报头：下一报头字段标识了路由选择报头后的报头类型。

② 报头扩展长度：该字段标识了路由选择报头的长度。

③ 路由类型：该字段标识了路由选择报头的类型。

④ 剩余段：该字段标识了在数据包到达最终目的地之前还需经过多少节点。

⑤ 类型相关数据：该字段的长度取决于路由类型。该长度总是保证完整的报头为8字节的倍数。

⑥ IPv6地址：该字段可以包含多个中间节点地址。

处理路由选择报头的第一个节点由IPv6报头中的目的地址字段指定。该节点检查路由选择报头，如果剩余段字段包含任何要经过的节点，该节点对剩余段字段减1，并把IPv6报头的路由选择报头内的下一个IPv6地址插入IPv6的目的地址字段。数据包之后被转发到下一跳，按前面描述的方法处理路由选择报头，直到到达最终目的地。

源节点在路径MTU中使用分片报头，用于判断在通往目的地的路径上能使用的最大数据包大小。如果沿途的任何一个链路MTU小于该数据包，则源节点负责对该数据包进行分片。与IPv4不同，IPv6数据包不会由传输路径上的路由器分片。分片只会在发送数据包的源节点进行，目的节点则进行重新组装。源节点使用PMTU机制来确定到目的节点沿途的最小MTU。一旦源节点获知最小MTU，它就能知道可以发送的最大数据包的大小。

认证报头可以被加入IPv6中，它的作用是为IPv6数据包提供完整性检查和认证。在数据传输过程中，IPv6数据包中的所有不变字段被用于认证计算。可变字段或可选项，例如跳数限制，在认证计算过程中被认为是零。

封装安全净荷（ESP）报头提供数据的完整性和保密性保护，它还可以同时使用认证报头和ESP报头提供数据认证。ESP对被保护的数据进行加密，将加密数据放在ESP报头的数据字段。

4. ICMPv6

（1）ICMPv6简介

ICMPv6是IPv6体系结构中不可缺少的组成部分，必须在每个IPv6节点上完全实现。它合并了IPv4中不同协议下如ICMPv4、IGMP和ARP支持的功能，它还引入了邻居发现（ND），使用ICMPv6消息是为了确定同一链路上的邻居的链路层地址、发现路由器，并随时跟踪哪些邻居是可连接的，以及检测更改的链路层地址。

（2）ICMPv6消息格式

ICMPv6消息有以下两种类型。

1）ICMP错误消息

错误消息的Type（类型）字段中的最高位为0，因此ICMP错误消息类型的范围是0到127。

2）ICMP信息消息

信息消息的Type（类型）字段中的最高位为1，因此ICMP信息消息类型的范围是128到255。

不管消息类型如何，所有ICMP消息共用表9-14所示的相同消息报头格式。

表9-14　ICMPv6消息格式

1字节	1字节	2字节	长度不定
类型	代码	校验和	消息体

每条ICMPv6消息之前是一个IPv6报头或多个扩展报头。正好位于ICMP报头之前的那个报头的下一报头字段值为58。

ICMPv6消息格式说明如下。

① 类型。该字段标识了消息的类型，它决定了该消息剩余部分的格式，表9-15列出了ICMPv6错误消息类型和消息号的对应关系，表9-16列出了ICMPv6的信息消息。

表9-15　ICMPv6错误消息和代码类型

消息号	消息类型	代码字段
1	目的地不可达	0 = 没有到目的地的路由
		1 = 与目的地的通信被管理性禁止
		3 = 地址不可达
		4 = 端口不可达
2	数据包过大	发送方将代码字段设为0，接收方忽略代码字段
3	超时	0 = 传输中的跳数超出限制
		1 = 分段重组超时
4	参数问题	0 = 遇到错误的报头字段
		1 = 遇到不可识别的下一报头类型
		2 = 遇到不可识别的IPv6选项

表9-16　ICMPv6信息消息

消息号	消息类型	说明
128	回声请求	均用于Ping命令
129	回声应答	
130	组播侦听者查询	用于组播组管理
131	组播侦听者报告	
132	组播侦听者完成	
133	路由器请求	用于邻居发现和自动配置
134	路由器通告	
135	邻居请求	
136	邻居通告	
137	重定向消息	
138	路由器重新编号	
139	ICMP节点信息查询	
140	ICMP节点信息响应	

② 代码：该字段取决于消息的类型，在特定情况下它提供了更多详细的信息。

③ 校验和：该字段用来检测ICMPv6报头和部分IPv6报头中的数据错误。为了计算校验和，一个节点必须确定IPv6报头中的源地址和目的地址。如果该节点具有多个单播地址，那么在选择地址时还有一些规则（详情请参见RFC 2463）。和ICMPv4不同，校验和涵盖了伪报头（来自于IPv6报头的一组重要字段），再加上ICMPv6整个消息。伪报头使ICMPv6在没有第三层报头校验和的情况下，能够检查IPv6报头中重要元素的完整性。

④ 消息体：对于不同的类型和代码，消息体可以包含不同的数据。如果所包含的是一条错误消息，那么在一个数据包允许的大小范围内，它可包含用来帮助故障排除的尽可能多的信息。ICMPv6数据包的总大小不能超出IPv6 MTU的最小值，即1280个字节。

（3）ICMPv6错误消息

ICMP的功能之一是分发错误消息，这对运行一个网络会有所帮助。目前ICMPv6使用4个错误消息：目的地不可达、数据包过大、超时、参数问题。

下面，我们将详细讨论这些消息。

有时数据包在到达其目的地的路径上会被丢弃，从某种意义上来说，IPv6和IPv4一样不可靠。在多数情况下，这是由于网络拥塞造成的暂时问题或暂时的连接丢失，该数据包丢弃问题可以由TCP这样的高层协议加以恢复处理。但在有些情况下还需要一种反馈机制，例如，在数据包中给出的目的地可能是错误的，或路由协议没有到目的地的路由信息。与IPv4相同，ICMP目的地不可达提供了这样的反馈机制。ICMP不可达消息给出一个原因代码，以协助源排除问题并采取相应的措施。表9-17列出了ICMP代码值。

表9-17 目的地不可达消息的代码值

代码	说明
0	没有路径通向目的地； 如果一个路由器因为其路由表中没有到达目的网络的路由而无法转发数据包，就会生成该消息
1	与目的地的通信被管理性禁止； 举例来说，如果一个防火墙由于数据包过滤器而不能把数据包转发到其内部的某台主机上，它就会发出该消息
3	地址不可达； 如果一个目的地址不能被解析为相应的网络地址，或者有某种数据链路层上的问题使得该节点无法到达目的网络，就会产生该消息
4	端口不可达； 在UDP或TCP报头中指定的目的端口是无效的或在目的主机上不存在时，就会产生该消息

如果某个路由器由于数据包的容量超过输出链路MTU而不能转发这个数据包的话，它会生成一个分组过大消息。该ICMP消息被发给发起数据包的源地址。与IPv4不同，在IPv6中分片不是由路由器执行的，而是由源节点执行的。数据包过大消息被用于MTU路径发现（PMTU）中。

与IPv4相同，一个IPv6数据包可能在网络中循环。ICMPv6超时是从ICMPv4中传承而来的，用来阻止数据包在网络中无休止地循环。在IPv6报头中，跳数限制字段最后到达0之前，每一跳都减1，到达0时数据包被丢弃并向源发送ICMPv6超时。

超时消息通常被用于完成traceroute功能。一条UDP分组被多次发送到目的地，从1开始到"到达目的地需要的跳数"，每次将跳数字段加1。路径上的每个节点将顺次发回一条ICMPv6超时消息，使源能够判别在路径上的每台路由器。

与IPv4相同，当路由器遇到问题时，可以反馈给用户不同的参数值，用户再通过对应的参数值判断问题原因，前面描述的前三条消息覆盖不了这些问题。ICMPv6消息能够指出在IPv6报头中的任何异常字段，该字段阻止了分组的进一步处理。表9-18显示了参数问题消息的代码字段。

表9-18　参数问题消息的ICMP代码

代码	说明
0	遇到错误的报头字段
1	遇到不可识别的下一报头类型
2	遇到不可识别的IPv6选项

（4）ICMP信息消息

RFC 2463中定义了两类信息消息：回声请求和回声应答。其他的ICMP信息消息用于PMTU和邻居发现，在相应的章节中我们会详细介绍。回声请求和回声应答消息用于最常见的TCP/IP工具之一：Ping。Ping用于判断一个指定的主机是否在网络上可用，以及是否准备好进行通信。源主机会向指定的目的地发送一条回声请求消息。目的主机如果可用的话，就会响应一个回声应答消息。

（5）IPv6邻居发现协议

邻居发现协议（NDP）是在RFC 2461中规定的。当连接到相同链路时，IPv6 NDP为路由器和主机运行提供了许多集成的关键特征。这些特征中的某些特征，如地址解析和重定向，在IPv4中出现过，但分别在不同的协议如ARP和ICMP重定向。其他特征是新的，如前缀发现和邻居不可达性检测，有些可以使用IPv4中的其他方式也能做到表9-19列出IPv6 NDP的特征。

表9-19　IPv6 NDP特征

IPv6 NDP特征	简短描述
路由器发现	使主机定位所连接链路上的路由器
前缀发现	使主机学习所连接链路上所用的前缀
参数发现	使节点学习参数如链路MTU或跳数限制
地址自动配置	使主机自动配置一个地址
地址解析	使节点为链路上的目的地确定链路层地址
确定下一跳	使节点为一个给定的目的地确定下一跳
邻居不可达性检测	使节点能够检测一个邻居不再可达
重复地址检测	使节点能够确定地址已经在使用
重定向	使路由器通知主机存在到达特定目的地链路上的更合适的下一跳
缺省路由器和更具体的路由选择	使路由器通知多点接入主机存在更合适的缺省路由器和更具体的路由
代理节点	代表其他节点接收数据包

NDP使链路上的每个节点能够运行NDP，建立必要的信息，这些信息在发送IPv6数据包到一个邻居时有用，存储在由节点维护的下列列表中：

① 在线IPv6地址和相应的链路层地址列表；

② 邻居状态（可达的，不可达的）；

③ 特定主机：（在线前缀列表、在线路由器列表、缺省路由器列表）。

为了得到上述信息，在NDP中不会用到下列消息：

① 路由器请求（RS）；

② 路由器通告（RA）；

③ 邻居请求（NS）；

④ 邻居通告（NA）；

⑤ 重定向。

在相应的IPv4之上，IPv6 NDP还有许多功能提升，具体如下。

路由器发现成为协议不可缺少的部分，使主机能够确定它们的缺省路由器。

IPv6 NDP在ND消息中插入了附加信息，如MTU或链路层地址，从而减小了设备互联的物理链路上需要的信息交换数量，却得到在IPv4中相同的结果。下面是一些示例：在RA消息中携带路由器的链路层地址，因此链路上的所有节点在没有任何额外的消息流的情况下，知道了这个地址；目标链路层地址插入重定向消息中，为接收者节省了额外的地址解析信息交换。

MTU在RA中携带，使链路上的所有节点使用一致的MTU。

① 地址解析使用组播组（请求节点组播地址），内嵌目标地址的一部分。因此，只有少数节点（大部分时间仅有目标地址所有者）将被这个地址解析请求打断。而IPv4 ARP则只能广播地址解析请求。

② 有些新的功能是基本协议的一部分，如地址自动配置和邻居不可达性检测，简化了配置。

③ 路由器通告和重定向消息以本地链路地址形式携带路由器地址，这使在主机中的路由器关联信息对重新编址更具有鲁棒性。在IPv4中，当网络每次更改其寻址机制时，路由器必须修改在主机上的缺省网关信息。

④ 地址解析位于ICMP之上，因此地址解析在ND消息中使用标准的IP认证和安全机制。IPv4的ARP中不存在这样的机制。

邻居发现协议定义了5种ICMP报文类型，它们的功能如下。

1）路由器请求

当主机的一个接口被激活时，主机可以发送路由器请求报文，请求路由器立刻发送路由器应答报文，而不是等到下一周期发送。

2）路由器通告

路由器定期或在响应路由器请求报文时发送路由器通告报文，内容包括地址前缀、最大跳数等。路由器通告中的地址前缀包括：本地链路地址前缀和自动配置地址前缀，前缀中的标记决定了前缀类型。

主机使用收到的本地链路地址前缀来建立和维护一个列表，用于决定数据包的目的地是在本地链路还是需要通过路由器转发。

路由器通告报文告知主机如何进行地址自动配置。例如，路由器可以指定主机使用状态自动配置（DHCPv6）或无状态自动配置（自动地址配置）。路由器通告报文也包含了互联网参数（如最大跳数）和可选链路参数（如链路MTU）。我们可以在路由器上集中配置一些重要参数，然后自动发送给所有相连的主机。

3）邻居请求

节点通过发送邻居请求报文，要求目标节点回复链路层地址，来完成地址解析。邻居请求报文是一个组播包，其组播地址是目标节点的请求节点组播地址。邻居请求报文可以用于判断网络中是否有多台节点拥有同一IPv6地址。

4）邻居通告

该报文是邻居请求报文的回应，目标节点在邻居通告报文中回复其链路层地址，邻居通告报文是单播。对于通信双方，一对邻居请求通告报文就可以获得对端的链路层地址，因为在邻居请求报文中，包含了数据发起方的链路层地址。没有收到邻居请求报文时，节点也可以发送邻居通告报文，通告其链路地址的变更。

5）重定向

路由器告知主机，到达目的地有更好的下一跳。

（6）IPv6地址冲突检测

节点将一个单播地址赋予接口前都需要进行地址冲突检测，对于任意播地址，不进行此操作。地址的分配方式无论是无状态自动配置、状态自动配置，还是手动配置，都要执行地址冲突检测，它的执行是在地址被赋予接口或接口初始化之前，在此过程中，被赋予接口的地址被称为暂时的地址。

在发送邻居请求报文前，节点的接口需要加入所有节点的组播组，确保该节点收到已经使用该地址的邻居的通告报文。节点还需要加入请求节点组播组，确保如果另一节点开始使用同一地址，双方都能知道对方的存在。

节点发送邻居请求报文，该报文的源地址是未分配的地址，目的地址是暂时地址的请求节点组播地址。任何使用同一地址的邻居在收到请求报文后都会发送一个邻居通告报文，该报文的目的地址是暂时地址的请求节点组播地址。节点收到这个邻居通告报文后，就会认为暂时地址是重复地址，不会被赋予接口。

（7）IPv6自动配置

IPv6的自动配置功能为网络管理员节省了大量的工作。它被设计为确保在把主机连接到网络之前不需要进行手动配置，甚至具有多个网络和路由器的更大的站点也不需要DHCP服务器来配置主机。当各种各样的设备，比如电视机、冰箱和移动电话都使用IP地址的时候，IPv6的自动配置功能将成为该协议的一大特色。

IPv6既能进行无状态的自动配置，也能进行有状态的自动配置。有状态的自动配置也就是我们在IPv4中所说的DHCP。IPv6真正的新功能是主机可以不用任何手动配置就可以自动配置它们的IPv6地址。一些配置可以在路由器上完成，但是这种配置机制不需要任何DHCP服务器。为了生成它们的IP地址，主机要使用本地信息的组合，比如它们的MAC地址，以及来自路由器的信息。路由器可以通告多个前缀，主机从这些通告中获取前缀信息。这样就可以对一个站点进行简单的重新编号——只有路由器上的前缀信息需要改变。例如，如果你更换了ISP，而新的ISP为你分配了一个新的IPv6前缀，你可以配置你的路由器来通告这个新的前缀，而保留你在旧的前缀中使用的SLA。所有连接在那些路由器上的主机会通过自动配置机制将它们自己重新编号。如果不存在路由器，那么主机可以生成一个只带有前缀FE80的本地链路地址。而这个地址对于处在同一链路上的节点之间的通信已经足够了。

状态自动配置采用"即插即用"方式，即无须任何人工干预，就可以将一个节点插入IPv6网络，并在网络中启动。IPv6使用了以下两种不同的机制来支持即插即用网络连接：

① 启动协议（BOOTstrap Protocol，BOOTP）；

② 动态主机配置协议（DHCP）。

这两种机制允许IP节点从特殊的BOOTP服务器或DHCP服务器获取配置信息。这些协议采用"状态自动配置"，即服务器必须保持每个节点的状态信息，并管理这些保存的信息。

IPv6节点的所有接口都必须有一个本地链路地址。该地址由接口标识和本地链路前缀FE80::/10组成，并自动配置在接口上。同一条链路上的节点可以使用本地链路地址互相通信。

不需要手动配置或通过DHCP服务器配置，IPv6节点可以自动生成本地站点地址和全球单播地址。在IPv6网络中，链路上的默认路由器会在路由器通告报文中包含一些本地站点地址和全球单播地址的前缀。路由器定期或在响应路由器请求报文时，发送路由器通告报文。

链路上的节点通过将自身的接口标识（64位）和路由器通告报文中的前缀（64位）相加，就可以获得本地站点地址和全球单播地址。

如果路由器通告报文中的前缀是全球唯一的，那么节点配置的IPv6地址也是全球唯一的。

（8）PMTU运行机制

在IPv6网络中，数据包分片由源节点执行，而不是数据包路径上的路由器，因此源节点需要使用PMTU机制尽可能传输最大的数据包，以提高传输效率。

PMTU使用ICMPv6的数据包过大报文。当源节点发送数据包时，假定PMTU等于相连链路的MTU。沿途的任何节点如果认为该数据包太大，那么它将发送一个数据包过大报文给源节点，该报文中包含自己的链路MTU。源节点收到数据包过大的报文后，将按照报文中的链路MTU缩小并重新发送数据包。这个过程一直进行下去，直到到达目的节点。图9-3描述了PMTU的运行机制。

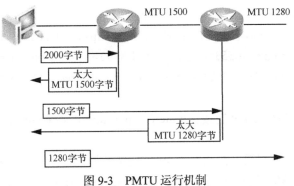

图 9-3　PMTU 运行机制

运行机制说明如下。

① PC开始发送一个2000字节的数据包，数据包到达一个链路MTU为1500字节的路由器，该路由器认为数据包过大，于是发送了数据包过大报文给PC，其中包含了它的链路MTU值1500字节。

② PC重新发送一个1500字节的数据包，第一个路由器转发该数据包，但第二个路由器的MTU是1280字节，它还是会发送数据包过大报文给PC。

③ PC再次发送一个1280字节的数据包，这次顺利地通过了两个路由器。

5. 配置IPv6地址

① 进入三层接口配置模式。

命令	功能
ZXR10(config)#interface <*interface-name*>	进入三层接口配置模式

② 设置接口IPv6地址。

命令	功能
ZXR10(config-if)#ipv6 enable	使能IPv6
ZXR10(config-if)# ipv6 address <*ipv6-prefix*>/<*prefix-length*>	设置接口IPv6地址

③ 设置接口发送IPv6报文的最大传输单元（MTU）。

命令	功能
ZXR10(config-if)#ipv6 mtu <bytes>	设置接口发送IPv6报文的最大传输单元（MTU）

④ 设置接口进行重复地址检测的次数。

命令	功能
ZXR10(config-if)#ipv6 dad-attemps <number>	设置接口进行重复地址检测的次数

6. IPv6维护与诊断

为了方便维护与诊断，路由器提供了相关查看和调试命令。

① 显示IPv6接口的简要信息：show ipv6 interface [<interface-name>] brief。

② 显示路径MTU缓存表的信息：show ipv6 mtu。

③ 诊断到某目的地的链路是否正常：ping6 <ipv6-address> [{interface vlan <vlan interface number>} | {num <1-65535>} | {size <64-8192>} | {timeout <1-60>}]。

④ 诊断到某目的地实际经过的路径：trace6 <ipv6-address> [{max-ttl <1-254>} | {timeout <1-100>}]。

⑤ 打开一个IPv6的Telnet连接：telnet6 <ipv6-address> [interface vlan <vlan interface number>]。

⑥ 显示IPv6网际控制消息协议（ICMP）报文的调试信息：debug ipv6 icmp。

⑦ 显示系统接收和发送IPv6报文的信息：debug ipv6 packet [detail | interface | protocol]。

⑧ 设置建立、关闭 IPv6 TCP 连接相关信息的调试开关：debug ipv6 tcp driver。

⑨ 显示系统接收和发送 IPv6 TCP 报文的信息：debug ipv6 tcp packet。

⑩ 设置 IPv6 TCP 状态迁移等信息的调试开关：debug ipv6 tcp transactions。

⑪ 打开所有 IPv6 TCP 调试信息的开关：debug ipv6 tcp all。

⑫ 打开 IPv6 UDP 调试信息的开关：debug ipv6 udp。

9.1.2 IPv6 的基本配置

① 假设 ZXR10 T600/T1200 的槽位 3 插有一个千兆以太网接口板，网络配置管理员要在其中第二个接口上配置 IPv6 地址，具体配置如下。

```
ZXR10(config)#interface gei_3/2
ZXR10(config-if)#ipv6 address 2005:1234::1/64
```

或者如下。

```
ZXR10(config)#interface gei_3/2
ZXR10(config-if)#ipv6 address link-local fe80::1111:2222:3333:4444
```

② 下面是 MTU 的一个配置实例。

```
ZXR10(config)#interface fei_1/1
ZXR10(config-if)#ipv6 mtu 1400
```

③ 使用 Ping6 命令。

```
ZXR10#ping6 3ff::2
sending 64-bytes ICMP echos to 3ff::2,timeout is 1 seconds.
!!!!!
Success rate is 100 percent(5/5),round-trip min/avg/max= 0/1/9 ms
```

④ 使用 show ipv6 route 命令。

```
ZXR10#show ipv6 route summary
IPv6 Routing Table Summary - 13 entries
  3 connected, 1 static, 0 RIP, 0 BGP, 4 IS-IS, 5 OSPF


ZXR10#show ipv6 route IS-IS
IPv6 Routing Table
Codes: C - connected, S - static, R - RIP, B - BGP,
  I1 - IS-IS L1, I2 - IS-IS L2, IA - IS-IS interarea, IS - IS-IS static,
O - OSPF intra, OI - OSPF inter, E1 - OSPF ext 1, E2 - OSPF ext 2
Timers: Uptime


I1   ::/0 [115/10]
     via fe80::204, vlan11, 00:04:52
I1   2:2::/112 [115/20]
     via fe80::204, vlan11, 00:05:12
I1   2121::/64 [115/30]
     via fe80::204, vlan11, 00:05:02
I1   4444:4444:4444::/48 [115/30]
     via fe80::204, vlan11, 00:05:02
```

▶9.2 任务二：RIPng及配置

9.2.1 预备知识

1. RIPng简介

RIP作为一种成熟的路由协议，在Internet中有着广泛的应用，特别是在一些中小型网络中。正是基于这种现状，同时考虑到RIP与IPv6的兼容性问题，IETF（Internet Engineering Task Force，国际互联网工程任务组）对现有技术进行改造，制定了IPv6下的RIP标准，即RIPng（RIP next generation）。

RIPng是基于UDP的协议，并且使用端口号的端口521来发送和接收数据报。RIPng的报文大致可分为请求报文和更新报文两类。

RIPng的目标并不是创造一个全新的协议，而是对RIP进行必要的改造以使其适应IPv6的选路要求，因此，RIPng的基本工作原理同RIP是一样的，仅在地址和报文格式方面有所不同。

（1）路由地址长度

RIPv1和RIPv2是基于IPv4的，其使用的地址是32位的，而RIPng是基于IPv6的，其使用的地址是128位的。

（2）子网掩码和前缀长度

RIPv1被设计成用于无子网的网络，因此没有子网掩码的概念，这就决定了RIPv1不能用于传播变长的子网地址或者用于CIDR的无类型地址。RIPv2增加了子网掩码以体现对子网路由的支持。

由于IPv6的地址前缀有明确的含义，因此RIPng中不再有子网掩码的概念，取而代之的是前缀长度。RIPng中没有必要区分网络路由、子网路由和主机路由。

（3）协议的使用范围

RIPv1和RIPv2的使用范围被设计成不只局限于TCP/IP协议簇，还能适应其他网络协议簇的规定，因此报文的路由表项中包含有网络协议簇字段，但实际上很少被用于其他非IP的网络。因此，RIPng去掉了对这一功能的支持。

（4）对下一跳的表示

在RIPv1中没有下一跳的信息，接收端路由器把报文的源地址作为到目的网络路由的下一跳。RIPv2中明确包含了下一跳信息，便于选择最优路由和防止出现选路环路以及慢收敛。

与RIPv1和RIPv2不同，为防止路由表项（RTE）过长，同时也是为了提高路由信息的传输效率，RIPng中的下一跳字段是作为一个单独的RTE存在的。

（5）报文长度

RIPv1和RIPv2对报文的长度均有限制，规定每个报文最多只能携带25个RTE。

而RIPng对报文长度和RTE的数目都不做规定，报文的长度是由介质的MTU决定的。RIPng对报文长度的处理提高了网络对路由信息的传输效率。

（6）安全性考虑

RIPv1报文中并不包含验证信息，因此也是不安全的，任何通过UDP的520端口发送分组的主机都会被邻居当作一个路由器，从而很容易造成路由器欺骗。

RIPv2设计了认证机制来增强安全性，进行路由交换的路由器之间必须通过认证才能接收彼此的路由信息，但是RIPv2的安全性还是很不充分的。

IPv6本身就具有很好的安全性策略，因此RIPng中不再单独设计安全性验证报文，而是使用IPv6的安全性策略。

（7）报文的发送方式

RIPv1使用广播来发送路由信息，不仅路由器会接收到协议报文，而且，同一局域网内的所有主机都会接收到协议报文，这样做是不必要的，也是不安全的。

因此，RIPv2和RIPng既可以使用广播也可以使用组播发送报文，这样在支持组播的网络中就可以使用组播来发送报文，大大降低了网络中传播的路由信息的数量。

2. 配置RIPng

（1）启动RIPng进程

① 全局启动RIPng进程。

命令	功能
ZXR10(config)#ipv6 router rip	全局启动RIPng进程

② 配置运行RIPng的接口。

命令	功能
ZXR10(config)#interface <interface-name>	进入三层接口配置模式
ZXR10(config-if)#ipv6 rip enable	配置运行RIPng的接口

（2）RIPng增强性配置

① 在RIPng路由配置模式下，配置RIPng的定时器。

命令	功能
ZXR10(config-router)#timers basic<update><timeout><garbage>	配置RIPng的定时器

② 在RIPng路由配置模式下，重分发其他协议到RIPng中。

命令	功能
ZXR10(config-router)#redistribute <protocol> [{metric <1-16>}	{route-map<name>}]	重分发其他协议到RIPng中

③ 在RIPng路由配置模式下，配置聚合路由。

命令	功能
ZXR10(config-router)# summary-prefixX:X::X:X/<0-128>	配置聚合路由

④ 在全局配置模式下，删除 RIPng 收到的路由。

命令	功能
ZXR10#clear ipv6 rip route [X:X::X:X/<0-128>| all]	删除RIPng收到的路由

9.2.2 RIPng 的基本配置

1. 任务描述

如图 9-4 所示，完成 RIPng 的基本配置。

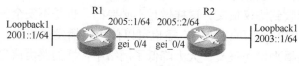

图 9-4　RIPng 的基本配置

2. 任务分析

① 启用 RIPng，要求 R1 与 R2 的 Loopback 地址间能够互通。

② 在 R2 中引入直连路由，使 R1 能 Ping 通 R2 的 Loopback 地址。

3. 任务配置

启用 RIPng，要求 R1 与 R2 的 Loopback 地址间能够互通。

R1 配置如下。

```
R1(config)# ipv6 router rip                // 全局使能 RIPng
R2(config-router)#exit
R1(config)#interface Loopback1
R1(config-if)# ipv6 enable
R1(config-if)# ipv6 address 2001::1/64
R1(config-if)# ipv6 rip enable             // 接口中启用 RIPng
R1(config-if)#exit
R1(config)#interface gei_0/4
R1(config-if)# ipv6 enable
R1(config-if)# ipv6 address 2005::1/64
R1(config-if)# ipv6 rip enable             // 接口中启用 RIPng
R1(config-if)#exit
```

R2 配置如下。

```
R2(config)# ipv6 router rip                // 全局使能 RIPng
R2(config)#interface Loopback1
R2(config-if)# ipv6 enable
R2(config-if)# ipv6 address 2003::1/64
R2(config-if)# ipv6 rip enable             // 接口中启用 RIPng
R2(config-if)#exit
R2(config)#interface gei_0/4
R2(config-if)# ipv6 enable
R2(config-if)# ipv6 address 2005::2/64
R2(config-if)# ipv6 rip enable             // 接口中启用 RIPng
```

```
R2(config-if)#exit
```

4. 任务验证

查询RIPng的配置状态。

```
R1(config)#show ipv6 rip
RIPng protocol, port 521, multicast-group FF02::9
    administrative distance is 120
    default metric is 1
    updates every 30 seconds, expire after 180 seconds
    garbage collect after 120 seconds
    the number of ripng routes is 3
  Redistribution:
  Interfaces:
    gei_0/4
    Loopback1
```

配置完毕之后，用以下命令查看路由表。

```
R1(config)#show ipv6 route rip          // 查看 IPv6 路由表中的 RIPng 路由
IPv6 Routing Table
Codes: C - connected, S - static, R - RIP, B - BGP,
    I1 - IS-IS L1, I2 - IS-IS L2, IA - IS-IS interarea, IS - IS-IS static,
    O - OSPF intra, OI - OSPF inter, E1 - OSPF ext 1, E2 - OSPF ext 2
Timers: Uptime
 R   2003::/64 [120/2]
    via fe80::2d0:d0ff:fec6:7223, gei_0/4, 00:20:19

R2(config)#show ipv6 route rip
IPv6 Routing Table
Codes: C - connected, S - static, R - RIP, B - BGP,
    I1 - IS-IS L1, I2 - IS-IS L2, IA - IS-IS interarea, IS - IS-IS static,
    O - OSPF intra, OI - OSPF inter, E1 - OSPF ext 1, E2 - OSPF ext 2
Timers: Uptime
 R   2001::/64 [120/2]
    via fe80::2d0:d0ff:fec6:72a3, gei_0/4, 00:23:06
```

▶▶9.3 任务三：OSPFv3配置

9.3.1 预备知识

1. OSPFv3简介

IPv6的OSPF协议保留了IPv4的大部分算法，从IPv4到IPv6，基本的OSPF机制保持不变。IPv6的OSPF协议为OSPFv3，IPv4的OSPF协议为OSPFv2。

OSPFv3和OSPFv2都有链路状态数据库，链路状态通告信息（Lind State Advertisement，LSA）包含在链路状态数据库中，并且处于同一区域中的路由器的链路状态数据库要保持同步。

数据库同步通过数据库交换过程来完成，这一过程包括交换数据库描述报文、链路状态请求报文和链路状态更新报文。同步后的数据库通过泛洪来维护，使用链路状态更新报文和链路状态确认报文来完成。

在广播型和非广播多路访问（Non-Broadcast Multiple Access，NBMA）网络中，OSPFv3和OSPFv2都采用Hello报文来发现与维护邻居关系，并选举DR（指定路由器）和BDR（备份指定路由器）。

在其他方面，OSPFv3和OSPFv2也保持一致，如邻居是否相邻、域间路由的基本思想、引入AS外部路由等。

2. OSPFv3和OSPFv2的区别

下面介绍一下OSPFv3与OSPFv2的区别。

① OSPFv3是基于物理链路进行通信的，而不是在子网之间进行协议处理。

IPv6节点之间的通信是通过链路，而不是子网。一个IPv6节点可以在接口上配置多个地址和前缀。即使两个节点不共享一个共同IP子网，它们在一条链路上也可以直接对话。OSPFv3在每条链路，而不是子网之间运行。

② 删除选址语义。IPv6地址将不再出现于OSPFv3的数据报头中，它们只被允许作为负载信息。

OSPFv2数据报文和LSA中包含有IPv4地址，表示路由器ID、区域ID或LSA链路状态ID。OSPFv3的路由器ID、区域ID和LSA链路状态ID仍然为32位，所以它们不能用IPv6地址表示。

OSPFv2广播和NBMA网络使用IPv4地址标识邻居，OSPFv3使用路由器ID标识邻居。OSPFv2 LSA（路由器LSA和网络LSA）包含IP地址，IP地址在链路状态数据库中被用于描述网络拓扑。OSPFv3路由器LSA和网络LSA只表示拓扑信息，它们以独立于网络协议的方式描述网络拓扑。IPv6使用接口ID，而不是IP地址来标识链路。路由器上的每个接口都有一个唯一的接口ID。邻居和指定路由器（DR）总是由它们的路由器ID而不再是IP地址来标识。

③ LSA泛洪范围和未知的LSA。在OSPFv3中，每个LSA类型都包含一个明确的代码以确定其泛洪范围。OSPFv3路由器即使不能识别某一LSA的类型，也知道如何泛洪数据包。LSA有3种泛洪范围：本地链路、区域和AS。

在扩展的LSA类型字段中包含了泛洪范围、未知类型处理位和LSA类型，前三位表示泛洪范围和未知类型处理位。通过设置未知类型处理位，路由器可以在本地链路范围内泛洪未知LSA，或者将其当作已知LSA进行存储和泛洪。表9-20和表9-21显示了泛洪范围和未知类型处理位的数值。

表9-20　泛洪范围

泛洪范围数值（二进制）	描述
00	本地链路，仅在数据包的始发链路上泛洪
01	区域，在数据包的始发区域内泛洪
10	AS，在整个AS内泛洪
11	保留

表9-21 未知类型处理位

未知类型处理位数值	描述
0	在本地链路范围内泛洪未知LSA
1	将未知LSA当作已知LSA进行存储和泛洪

④ 每个链路上支持多个实例。多个OSPFv3协议实例可以在单条链路上运行，这在多个区域共享单条链路时比较有用。

⑤ 本地链路地址的使用。由于IPv6路由器的每个接口都被分配了一个本地链路地址，OSPFv3使用这些本地链路地址作为协议数据包的源地址。本地链路地址共享相同的IPv6前缀（FE80::/64），因此OSPFv3节点之间可以很容易地通信和建立邻接关系。

⑥ 删除认证。认证已经从OSPFv3中被删除了，因为OSPFv3依赖于IPv6认证。

⑦ 新LSA和LSA格式改变。在OSPFv3中，OSPFv2 LSA的大部分功能都被保留下来，但有一些LSA字段被修改，有的LSA被重新命名。新LSA被加到OSPF中，用于携带IPv6地址和下一跳信息。

OSPFv2 LSA报头包含如下字段：时间（Age）、可选项（Options）、类型（Type）、链路状态ID（Link State ID）、通告路由器（Advertising Router）、序号（Sequence Number）、校验和（Checksum）和长度（Length）。OSPFv3 LSA将可选项字段从报头中移走，将其从8位扩展到24位，放在Router-LSA、Network-LSA、Inter-Area-Router-LSA和Link-LSA中。类型字段扩展到16位，使用原来可选项字段的空间，剩下的报头字段保持不变。

LSA类型字段由未知类型处理、泛洪范围和LSA功能代码组成。图9-5显示了LSA类型字段。

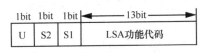

图 9-5 LSA 类型字段

U定义了未知LSA类型的处理，如果设为1，则将未知LSA当作已知LSA进行存储和泛洪；如果设为0，则在本地链路范围内泛洪未知LSA。S2和S1表示泛洪范围。

表9-22列出了每个LSA的功能代码。

表9-22 LSA的功能代码

LSA功能代码	数值	LSA类型
1	0x2001	Router-LSA
2	0x2002	Network-LSA
3	0x2003	Inter-Area-Prefix-LSA
4	0x2004	Inter-Area-Router-LSA
5	0x4005	AS-External-LSA
6	0x2006	Group-Membership-LSA

（续表）

LSA功能代码	数值	LSA类型
7	0x2007	Type-7-LSA
8	0x2008	Link-LSA
9	0x2009	Intra-Area-Prefix-LSA

从表9-22可以看出，两个OSPFv2 summary LSA已经被重命名，另外，还有两个新的LSA：Link-LSA和Intra-Area-Prefix-LSA。

Router-LSA类型的数值为0x2001，前三位是001（二进制数），表示该LSA类型的U位为0，意味着如果LSA类型对于接收路由器是未知的，则它应该将该LSA在本地链路范围内泛洪。如果路由器能够识别LSA类型，则它应该根据S2和S1来泛洪LSA。Router-LSA类型的S2、S1的值为01，LSA应该在整个区域内泛洪。

AS-External-LSA的值为0x4005，表示S2、S1的值为10，LSA应该在整个AS内泛洪。

在OSPFv3中，OSPFv2的类型3的网络汇总LSA被重命名为Inter-Area-Prefix-LSA。该LSA被ABR用于将区域外的路由通告到区域中。

类型4的ASBR汇总LSA后被重命名为Inter-Area-Router-LSA。该LSA被ASBR使用，用于通告ASBR外部路由到区域中。

LSA可选字段在OSPFv3中由8位扩展到24位。该字段出现在Hello数据包、数据库描述数据包和某些LSA（Router-LSA、Network-LSA、Inter-Area-Router-LSA和Link-LSA）。路由器使用LSA可选字段互相通知它们各自支持的可选功能，允许具有不同功能的路由器在同一OSPF路由域内共存。下面我们解释在可选字段中使用的位，当前只有6位可以使用。

• V6：V6指出这个路由器支持IPv6的OSPF。如果设置为0，则这个路由器将只参与拓扑分发，而不转发IPv6数据包。

• E：和OSPFv2一样，当始发路由器可以接收AS外部LSA时，始发路由器把E位设置为1。Stub区域内的所有始发LSA都设置E=0。该位还可以用于Hello报文，表明接口是否能够发送和接收AS外部LSA。E位不匹配的邻居路由器不能形成邻接关系，因此我们要确保一个区域内的所有路由器都支持Stub。

• MC：当始发路由器可以转发IP组播数据包时，路由器设置该位，MOSPF使用该位。

• N：N只在Hello报文中使用。设置该位表示始发路由器支持NSSA外部LSA。如果N=0，则始发路由器不能发送和接收NSSA外部LSA。N位不匹配的邻居路由器不能形成邻接关系。如果N=1，则E必须为0。

• R：路由器设置R位表示路由器是活动的。如果设置R=0，则OSPF路由器将只参与拓扑分发，不参与数据转发。这种机制可以用于一个只想参与路由计算，不想转发数据的多宿主节点。V6位与R位相关，如果R=1，而V6=0，则路由器将不转发IPv6报文，但转发其他协议的报文。

• DC：当路由器能够在按需链路上支持OSPF时，路由器设置该DC位。

与OSPFv2可选字段（T、E、MC、N/P、EA、DC）相比，我们可以发现OSPFv3做了一些改变。OSPFv3中不支持ToS，所以T位被取代，N位仍然只用于Hello报文，P位是

OSPFv3另一组可选项的一部分，前缀可选项与每个通告的前缀关联。OSPFv2 EA位表示支持外部属性LSA。外部属性LSA被提议作为IBGP替代者，用于在OSPF域内传输BGP信息。

新的链路LSA被用于在同一链路的路由器之间交换IPv6前缀和地址信息，它也被用于通告一组和Network-LSA相关的可选项。链路LSA提供路由器的本地链路地址和前缀列表。该LSA在链路上通过组播发送给所有路由器。

3. OSPFv3协议配置

（1）启动OSPFv3

① 启动OSPFv3进程。

命令	功能
ZXR10(config)#ipv6 router ospf <process-id>	启动OSPFv3进程

② 在OSPFv3路由配置模式下，配置OSPFv3进程的Router ID。

命令	功能
ZXR10(config-router)#router-id<router-id>	配置OSPFv3进程的Router ID

③ 在接口配置模式下，配置接口到OSPFv3协议中。

命令	功能
ZXR10(config-if)#ipv6 ospf <process-id>area <area-id>[instance-id <0-255>]	配置接口到OSPFv3协议中

（2）配置OSPFv3接口属性

命令	功能
ZXR10(config-if)#ipv6 ospf hello-interval <interval> [instance-id<0-255>]	指定接口上hello报文时间间隔
ZXR10(config-if)# ipv6 ospf retransmit-interval <interval> [instance-id <0-255>]	指定接口重传LSA的时间间隔
ZXR10(config-if)# ipv6 ospf transmit-delay <interval> [instance-id <0-255>]	指定接口传输一条链路状态更新数据报文的时延
ZXR10(config-if)# ipv6 ospf dead-interval <interval> [instance-id <0-255>]	指定接口上邻居的老化时间
ZXR10(config-if)# ipv6 ospf cost <cost-value> [instance-id <0-255>]	设置接口的花费值
ZXR10(config-if)# ipv6 ospf priority <value> [instance-id <0-255>]	设置接口优先级

（3）配置OSPFv3协议属性

命令	功能
ZXR10(config-router)#area <area-id> default-cost <cost-value>	配置区域的缺省度量值

（续表）

命令	功能
ZXR10(config-router)#area<area-id> range {X:X::X:X/<0-128>}|[advertise|not-advertise]	配置区域的聚合地址范围
ZXR10(config-router)#area<area-id>stub [no-summary]	定义一个区域为stub区域
ZXR10(config-router)#area <area-id> virtual-link<router-id> [hello-interval<seconds>] [retransmit-interval<seconds>] [transmit-delay <seconds>] [dead-interval <seconds>]	定义OSPF虚链路
ZXR10(config-router)#default-metric <metric-value>	设置OSPFv3协议的缺省度量值，该值分配给重分发路由
ZXR10(config-router)#passive-interface<ifname>	禁止启动OSPFv3的接口发送OSPFv3报文
ZXR10(config-router)#redistribute<protocol> [metric<metric-value>] [metric-type<type>] [route-map<name>]	将其他协议的路由重分发到OSPFv3协议中
ZXR10(config-router)#timers spf <delay><holdtime>	设置OSPFv3协议计算路由的时间间隔，参数<delay>设置从收到路由更新到重新计算路由的时间间隔；参数<holdtime>设置前后两次路由计算之间的时间间隔

4. OSPFv3的维护与诊断

OSPFv3维护与诊断过程中的常用命令如下所示。

① 显示 OSPFv3 的实例信息。

```
show ipv6 ospf <tag>
```

② 显示 OSPFv3 实例的数据库信息。

```
show ipv6 ospf database
```

③ 显示 OSPFv3 实例的接口信息。

```
show ipv6 ospf interface [<ifname>]
```

④ 显示 OSPFv3 实例的邻居信息。

```
show ipv6 ospf neighbor
```

⑤ 显示 OSPFv3 实例计算出的路由信息。

```
show ipv6 route ospf
```

⑥ 显示 OSPFv3 实例的虚拟链路信息。

```
show ipv6 ospf virtual-links
```

设备提供了如下debug命令对OSPFv3协议进行调试，以跟踪相关信息。

① 对OSPFv3协议运行的邻接情况进行跟踪。

```
debug ipv6 ospf adj
```

② 对OSPFv3协议运行的LSA情况进行跟踪。

```
debug ipv6 ospf lsa-generation
```

③ 对OSPFv3协议运行的报文收发情况进行跟踪。

```
debug ipv6 ospf packet
```

9.3.2　配置 OSPFv3

1. 任务描述

如图9-6所示，Area 1、Area 2为普通区域，要求R1、R2能学到所有区域中的路由。请完成多区域OSPFv3及区域间路由聚合。

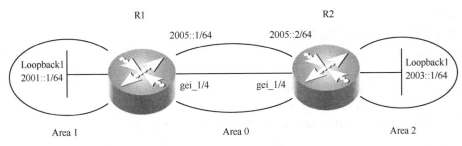

图 9-6　OSPFv3 配置

2. 任务分析

① 如拓扑所示，构建网络进行基本配置；

② 划分区域，启动OSPFv3进程；

③ 进入接口，启动OSPFv3协议；

④ 验证网络连通性。

3. 任务配置

以下为多区域OSPFv3配置。

R1配置如下。

```
R1(config)#interface gei_0/4
R1 (config-if)#ipv6 enable
R1 (config-if)#ipv6 address 2005::1/64
R1 (config-if)#ipv6 ospf 1 area 0            // 在接口启用 OSPFv3
R1(config)#interface Loopback1
R1 (config-if)#ipv6 enable
R1 (config-if)#ipv6 address 2001::1/64
R1 (config-if)#ipv6 ospf 1 area 1            // 在接口启用 OSPFv3
R1 (config-if)#exit
R1 (config)#ipv6 router ospf 1               // 全局启用 OSPFv3 进程
R1 (config-router)#router-id 1.1.1.1         // 指定 Router-ID
R1 (config-router)#exit
```

R2配置如下。

```
R2 (config)#interface gei_0/4
R2 (config-if)#ipv6 enable
R2 (config-if)#ipv6 address 2005::2/64
R2 (config-if)#ipv6 ospf 1 area 0            // 在接口启用 OSPFv3
R2 (config-if)#exit
R2 (config)#interface Loopback1
```

```
R2 (config-if)#ipv6 enable
R2 (config-if)#ipv6 address 2003::1/64
R2 (config-if)#ipv6 ospf 1 area 2               // 在接口启用 OSPFv3
R2 (config-if)#exit
R2 (config)#ipv6 router ospf 1                  // 全局启用 OSPFv3 进程
R2 (config-router)#router-id 2.2.2.2            // 指定 Router-ID
R2 (config-router)#exit
```

4. 结果验证

检查是否学习到其他区域的路由。

```
R1(config)#show ipv6 route ospf
IPv6 Routing Table
Codes: C - connected, S - static, R - RIP, B - BGP,
     I1 - IS-IS L1, I2 - IS-IS L2, IA - IS-IS interarea, IS - IS-IS static,
     O - OSPF intra, OI - OSPF inter, E1 - OSPF ext 1, E2 - OSPF ext 2
Timers: Uptime


OI   2003::/64 [110/20]
    via fe80::2d0:d0ff:fec6:7223, gei_0/4, 00:01:47
```

```
ZXR10(config)#show ipv6 ospf database          // 查看链路状态数据库
     OSPFv3 Router with ID (1.1.1.1) (Process ID 1)
```

Router Link States (Area 0)

ADV Router	Age	Seq#	Link count	Bits
1.1.1.1	125	0x80000004	1	B
2.2.2.2	124	0x80000003	1	B

Net Link States (Area 0)

ADV Router	Age	Seq#	Link ID	Rtr count
1.1.1.1	125	0x80000001	5	2

Inter Area Prefix Link States (Area 0)

ADV Router	Age	Seq#	Prefix
1.1.1.1	215	0x80000001	2001::/64
2.2.2.2	129	0x80000001	2003::/64

Intra Area Prefix Link States (Area 0)

ADV Router	Age	Seq#	Link ID	Ref-lstype	Ref-LSID
1.1.1.1	124	0x80000001	2	0x2002	5

Link (Type-8) Link States (Area 0)

ADV Router	Age	Seq#	Link ID	Interface
1.1.1.1	220	0x80000001	5	gei_0/4
2.2.2.2	134	0x80000001	5	gei_0/4

Router Link States (Area 1)

ADV Router	Age	Seq#	Link count	Bits
1.1.1.1	179	0x80000003	0	B

Inter Area Prefix Link States (Area 1)

ADV Router	Age	Seq#	Prefix

| 1.1.1.1 | 110 | 0x80000002 | 2005::/64 | | |
| 1.1.1.1 | 127 | 0x80000001 | 2003::/64 | | |

Intra Area Prefix Link States (Area 1)

ADV Router	Age	Seq#	Link ID	Ref-lstype	Ref-LSID
1.1.1.1	221	0x80000001	1	0x2001	0

Link (Type-8) Link States (Area 1)

ADV Router	Age	Seq#	Link ID	Interface	
1.1.1.1	227	0x80000001	4	gei_0/3	

▶▶9.4 任务四：6in4手工隧道

9.4.1 任务描述

如图9-7所示，在R1和R2上配置RIPng；在R1和R2之间配置6in4隧道；在R1和R2连接PC的接口上配置前缀通告；在PC1、PC2上安装IPv6；测试PC1、PC2的互通性。

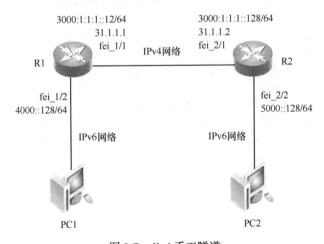

图 9-7　6in4 手工隧道

9.4.2 任务分析

① 在R1和R2上配置RIPng、6in4隧道、前缀通告。

② PC上需安装IPv6，根据IPv6邻居发现协议，自动发现链路上路由器并配置IPv6地址。我们以安装了Windows XP操作系统的PC1为例，说明IPv6 ND协议的配置过程。

③ 测试PC1、PC2的互通性。

9.4.3 任务配置

① 在R1和R2上配置RIPng、6in4隧道、前缀通告。

R1配置如下。

```
R1(config)#ipv6 router rip
R1(config-router)#exit
R1(config)#interface tunnel11              // 启用隧道接口
R1(config-if)#ipv6 rip enable
R1(config-if)#ipv6 enable                      // 在接口上使能 IPv6
R1(config-if)#ipv6 address 3000:1:1:1::12/64     // 在接口上配置 IPv6 地址
R1(config-if)#tunnel mode ipv6ip                // 配置隧道的模式为 6in4
R1(config-if)#tunnel source ipv4 31.1.1.1        // 配置隧道源地址
R1(config-if)#tunnel destination ipv4 31.1.1.2   // 配置隧道目的地址
R1(config-if)#exit
R1(config)#int fei_1/1
R1(config-if)#ip address 31.1.1.1 255.255.255.0
R1(config-if)#exit
R1(config)#int fei_1/2
R1(config-if)#ipv6 enable                      // 在接口上使能 IPv6
R1(config-if)#ipv6 address 4000::128/64        // 在接口上配置 IPv6 地址
R1(config-if)#ipv6 rip enable
R1(config-if)#ipv6 nd prefix 4000::/64         // 指定通告的地址前缀为 4000::/64
R1(config-if)#no ipv6 nd suppress-ra           // 允许接口发送 RA 消息
```

R2 配置如下。

```
R2(config)#ipv6router rip
R2(config-router)#exit
R2(config)#interface tunnel22              // 启用隧道接口
R2(config-if)#ipv6 rip enable
R2(config-if)#ipv6 enable                      // 在接口上使能 IPv6
R2(config-if)#ipv6 address 3000:1:1:1::128/64    // 在接口上配置 IPv6 地址
R2(config-if)#tunnel mode ipv6ip                // 配置隧道的模式为 6in4
R2(config-if)#tunnel source ipv4 31.1.1.2        // 配置隧道源地址
R2(config-if)#tunnel destination ipv4 31.1.1.1   // 配置隧道目的地址
R2(config-if)#exit
R2(config)#interface fei_2/1
R2(config-if)#ip address 31.1.1.2 255.255.255.0
R2(config-if)#exit
R2(config)#interface fei_2/2
R2(config-if)#ipv6 enable                      // 在接口上使能 IPv6
R2(config-if)#ipv6 address 5000::128/64        // 在接口上配置 IPv6 地址
R2(config-if)#ipv6 rip enable
R2(config-if)#ipv6 nd prefix 5000::/64         // 指定通告的地址前缀为 5000::/64
R2(config-if)#no ipv6 nd suppress-ra           // 允许接口发送 RA 消息
```

② PC 上需安装 IPv6，根据 IPv6 邻居发现协议，自动发现链路上路由器并配置 IPv6 地址。我们以安装了 Windows XP 操作系统的 PC1 为例，说明 IPv6 ND 协议的配置过程。

a. 进入命令行模式，运行如下命令安装 IPv6。

```
C:\> ipv6 install
Installing...
Succeeded.
```

b. 安装成功后，检查网卡是否已经获得 IPv6 地址。

```
C:\>ipconfig
Windows IP Configuration
Ethernet adapter 本地连接：
    Connection-specific DNS Suffix  . :
    Autoconfiguration IP Address: 169.254.0.149
    Subnet Mask: 255.255.0.0
    IP Address: 4000::6ce0:a6c7:b425:73b0
    IP Address: 4000::222:15ff:fe9b:fe65
    IP Address: fe80::222:15ff:fe9b:fe65%5
    Default Gateway: fe80::21e:73ff:fe9b:4c2d%5
```

其中，地址后面的"%5"指的是第5个IPv6接口。我们通过IPv6 if命令可以查看PC上有哪些IPv6接口。

当PC1收到R1对外定期发布的IPv6地址前缀4000::/64时，无须任何命令，就会自动生成以4000::/64为前缀的全球单播地址。

通过上面的信息可以看出，PC1获得的本地链路地址为fe80::222:15ff:fe9b:fe65；IPv6全球单播地址为4000::6ce0:a6c7:b425:73b0和4000::222:15ff:fe9b:fe65；缺省网关为R1的接口fei_1/2的本地链路地址fe80::21e:73ff:fe9b:4c2d。

思考：PC1为什么会有两个IPv6全球单播地址呢？

获得网络地址前缀后，Windows XP会生成两个全球单播地址，其中一个地址的接口ID根据接口的MAC地址自动生成，另一个地址的接口ID为随机生成，通信时可以选用接口ID随机生成的全球单播地址，以确保根据MAC地址自动生成的接口ID不会被泄露出去。Windows Server 2003取消了随机生成接口ID的功能。

9.4.4　任务验证

测试PC1、PC2的互通性。

① 在PC2上查看IPv6地址。

```
C:\>ipconfig
Windows IP Configuration
Ethernet adapter 本地连接：
    Connection-specific DNS Suffix  . :
    Autoconfiguration IP Address: 169.254.189.250
    Subnet Mask: 255.255.0.0
    IP Address: 5000::dc7b:e01e:28df:e1fa
    IP Address: 5000::21f:c6ff:fe74:15a8
    IP Address: fe80::21f:c6ff:fe74:15a8%5
    Default Gateway: fe80::21e:73ff:fe9b:523d%5
```

② 在PC1上Ping PC2的两个全球单播地址。

```
C:\>ping 5000::dc7b:e01e:28df:e1fa
Pinging 5000::dc7b:e01e:28df:e1fa with 32 bytes of data:
Reply from 5000::dc7b:e01e:28df:e1fa: time<1ms
Reply from 5000::dc7b:e01e:28df:e1fa: time<1ms
Reply from 5000::dc7b:e01e:28df:e1fa: time<1ms
```

Reply from 5000::dc7b:e01e:28df:e1fa: time<1ms
Ping statistics for 5000::dc7b:e01e:28df:e1fa:
    Packets: Sent = 4, Received = 4, Lost = 0 (0% loss),
Approximate round trip times in milli-seconds:
    Minimum = 0ms, Maximum = 0ms, Average = 0ms

C:\Documents and Settings\zxc10>ping 5000::21f:c6ff:fe74:15a8
Pinging 5000::21f:c6ff:fe74:15a8 with 32 bytes of data:
Reply from 5000::21f:c6ff:fe74:15a8: time=1ms
Reply from 5000::21f:c6ff:fe74:15a8: time<1ms
Reply from 5000::21f:c6ff:fe74:15a8: time<1ms
Reply from 5000::21f:c6ff:fe74:15a8: time<1ms
Ping statistics for 5000::21f:c6ff:fe74:15a8:
    Packets: Sent = 4, Received = 4, Lost = 0 (0% loss),
Approximate round trip times in milli-seconds:
    Minimum = 0ms, Maximum = 1ms, Average = 0ms

通过上面的信息可以看出，PC1可以Ping通PC2。

同样，在PC2上也可以Ping通PC1。

▶9.5 任务五：6to4自动隧道配置

9.5.1 任务描述

如图9-8所示，在R1和R2上配置路由协议RIPng；在R1和R2之间配置6to4隧道；在R1和R2连接PC的接口上配置前缀通告；在PC1、PC2上安装IPv6；测试PC1、PC2的互通性。

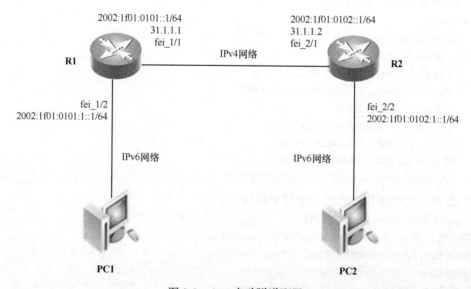

图9-8　6to4自动隧道配置

9.5.2　任务分析

① 在R1和R2上配置静态路由、6to4隧道、前缀通告。

② 在PC上需安装IPv6，根据IPv6邻居发现协议，自动发现链路上路由器并配置IPv6地址。我们以安装了Windows XP操作系统的PC1为例，说明IPv6 ND协议的配置过程。

③ 测试PC1、PC2的互通性。

9.5.3　任务配置

① 在R1和R2上配置静态路由、6to4隧道、前缀通告。

R1配置如下。

```
R1(config)#interface tunnel11          // 启用隧道接口
R1(config-if)#ipv6 enable              // 在接口上使能 IPv6
R1(config-if)#ipv6 address 2002:1f01:0101::1/64    // 在接口上配置 IPv6 地址
R1(config-if)#tunnel mode ipv6ip 6to4          // 配置隧道的模式为 6to4
R1(config-if)#tunnel source ipv4 31.1.1.1      // 配置隧道源地址
R1(config-if)#exit
R1(config)#int fei_1/1
R1(config-if)#ip address 31.1.1.1 255.255.255.0
R1(config-if)#exit
R1(config)#int fei_1/2
R1(config-if)#ipv6 enable              // 在接口上使能 IPv6
R1(config-if)#ipv6 address 2002:1f01:0101:1::1/64    // 在接口上配置 IPv6 地址
R1(config-if)#ipv6 nd prefix 2002:1f01:0101:1::/64
// 指定通告的地址前缀为 2002:1f01:0101:1::/64
R1(config-if)#no ipv6 nd suppress-ra       // 允许接口发送 RA 消息
R1(config-if)#exit
R1(config)#ipv6 route 2002:1f01:0102:1::/64 tunnel11
```

R2配置如下。

```
R2(config)#interface tunnel22          // 启用隧道接口
R2(config-if)#ipv6 enable              // 在接口上使能 IPv6
R2(config-if)#ipv6 address 2002:1f01:0102::1/64    // 在接口上配置 IPv6 地址
R2(config-if)#tunnel mode ipv6ip 6to4          // 配置隧道的模式为 6to4
R2(config-if)#tunnel source ipv4 31.1.1.2      // 配置隧道源地址
R2(config-if)#exit
R2(config)#interface fei_2/1
R2(config-if)#ip address 31.1.1.2 255.255.255.0
R2(config-if)#exit
R2(config)#interface fei_2/2
R2(config-if)#ipv6 enable              // 在接口上使能 IPv6
R2(config-if)#ipv6 address 2002:1f01:0102:1::1/64    // 在接口上配置 IPv6 地址
R2(config-if)#ipv6 nd prefix 2002:1f01:0102:1::/64
// 指定通告的地址前缀为 2002:1f01:0102:1::/64
R2(config-if)#no ipv6 nd suppress-ra       // 允许接口发送 RA 消息
```

```
R2(config-if)#exit
R2(config)#ipv6 route 2002:1f01:0101:1::/64 tunnel22
```

② PC上需安装IPv6,根据IPv6邻居发现协议,自动发现链路上路由器并配置IPv6地址。我们以安装了Windows XP操作系统的PC1为例,说明IPv6 ND协议的配置过程。

a.进入命令行模式,运行如下命令安装IPv6。

```
C:\> ipv6 install
Installing...
Succeeded.
```

b.安装成功后,检查网卡是否已经获得IPv6地址。

```
C:\>ipconfig
Windows IP Configuration
Ethernet adapter 本地连接:
        Connection-specific DNS Suffix  . :
        Autoconfiguration IP Address. . . : 169.254.0.149
        Subnet Mask . . . . . . . . . . . : 255.255.0.0
        IP Address. . . . . . . . . . . : 2002:1f01:101:1:567:5bfd:98e7:7b2d
        IP Address. . . . . . . . . . . : 2002:1f01:101:1:222:15ff:fe9b:fe65
        IP Address. . . . . . . . . . . : fe80::222:15ff:fe9b:fe65%5
        Default Gateway . . . . . . . . : fe80::21e:73ff:fe9b:4c2d%5
```

9.5.4 任务验证

测试PC1、PC2的互通性。

① 在PC2上查看IPv6地址。

```
C:\>ipconfig
Windows IP Configuration
Ethernet adapter 本地连接:
        Connection-specific DNS Suffix  . :
        Autoconfiguration IP Address. . . : 169.254.189.250
        Subnet Mask . . . . . . . . . . . : 255.255.0.0
        IP Address. . . . . . . . . . . : 2002:1f01:102:1:ad3f:7e8a:bd36:815c
        IP Address. . . . . . . . . . . : 2002:1f01:102:1:21f:c6ff:fe74:15a8
        IP Address. . . . . . . . . . . : fe80::21f:c6ff:fe74:15a8%5
        Default Gateway . . . . . . . . : fe80::21e:73ff:fe9b:523d%5
```

② 在PC1上Ping PC2的一个全球单播地址。

```
C:\>ping 2002:1f01:102:1:21f:c6ff:fe74:15a8
Pinging 2002:1f01:102:1:21f:c6ff:fe74:15a8 with 32 bytes of data:
Reply from 2002:1f01:102:1:21f:c6ff:fe74:15a8: time=1ms
Reply from 2002:1f01:102:1:21f:c6ff:fe74:15a8: time<1ms
Reply from 2002:1f01:102:1:21f:c6ff:fe74:15a8: time<1ms
Reply from 2002:1f01:102:1:21f:c6ff:fe74:15a8: time<1ms
Ping statistics for 2002:1f01:102:1:21f:c6ff:fe74:15a8:
    Packets: Sent = 4, Received = 4, Lost = 0 (0% loss),
Approximate round trip times in milli-seconds:
```

```
Minimum = 0ms, Maximum = 1ms, Average = 0ms
```

通过上面的信息可以看出，PC1可以Ping通PC2。

同样，在PC2上也可以Ping通PC1。

知识总结

1. IPv6格式及报文格式。

2. IPv6地址分类。

3. 动态路由RIPng原理。

4. 动态路由OSPFv3原理。

5. IPv6隧道技术原理。

思考与练习

1. IPv6地址2101:0000:0000:0000:0006:0600:200C:416B最简洁的写法是什么？

2. IPv6有哪三种地址类型？

3. IPv6基本报头中的下一报头字段的作用是什么？

4. ICMPv6有哪两种类型？

5. 如何配置OSPFv3进程的Router ID？

自我检测

1. 在IPv6中，未指定地址为（　　）

  A. ::　　　　　　　　　　　　　　　　　　　　B. ::127.0.0.1

  C. FFFF:FFFF:FFFF:FFFF:FFFF:FFFF:FFFF:FFFF　　D. ::1

2. IPv6基本报文头部长度固定为（　　）字节

  A. 40　　　　　B. 20　　　　　C. 60　　　　　D. 30

3. 在IPv6 EUI-64地址中接口ID的长度为（　　）

  A. 48位　　　　B. 64位　　　　C. 96位　　　　D. 128位

4. ICMP用于IPv6中的版本是（　　）

  A. ICMPv6　　　B. ICMPv2　　　C. ICMPv3　　　D. ICMPv1

5. 下面哪一个不是IPv6的特性（　　）

  A. 巨大的地址空间　　　　　　　B. 支持IP地址自动分配

  C. 支持QOS自动分配　　　　　　D. 简化、高效的报文结构

6. 下面哪一个是有效的IPv6地址（　　）

  A. 2001:1:0:4F3A:206:AE14　　　　B. 2001:1:0:4F3A:0:206:AE14

  C. 2001:1:0:4F3A::206:AE14　　　　D. 2001:1::4F3A::206:AE14

7. 下面哪一个不是有效的IPv6地址（　　）

  A. FEDC:BA98:7654:4210:FEDC:BA98:7654:3210

  B. 2001:0:0:0:8:800:201C:417A

  C. BACD::8139:800:201C:417A

D. FEC1::0::0:8:800:201C:417A

8. 在 IPv6 中，回环地址是（　　）

   A. ::   B. ::127.0.0.1

   C. FFFF:FFFF:FFFF:FFFF:FFFF:FFFF:FFFF:FFFF   D. ::1

9. 下面哪些是嵌入 IPv4 地址的 IPv6 地址（　　）

   A. ::202.201.32.29   B. ::FFFF.202.201.32.30

   C. FFFF::202.201.32.30   D. FEFE::202.201.32.30

实践活动

调研IPv6运行现状

1. 实践目的

① 熟悉国内 IPv6 的部署情况。

② 了解 IPv6 作为下一代网络是通信网发展趋势。

2. 实践要求

各学员通过调研、搜集网络数据等方式完成。

3. 实践内容

① 调研我国科研机构和高校的研发与应用工作。

② 调研日韩以及欧美在 IPv6 方向的实际应用。

③ 分组讨论：IPv6 在推进过程中面临的主要问题，主要有哪些对策。

项目 10　网络典型案例实施

项目引入

　　小李通过在公司这段时间的工作和学习，慢慢成了公司的技术骨干，于是，小李开始带领公司新入职的同事处理网络故障。为了帮助他们更快地融入公司，解决常见的网络故障，小李特意总结出以前处理过的网络故障案例，分享网络故障排查的思路和流程。因此，本章将介绍小李总结的典型案例。

学习目标

　　1. 梳理：故障组网架构及相关协议。
　　2. 领会：网络故障分析思路。
　　3. 应用：通过学习的理论知识体系解决网络故障问题。

▶10.1　案例一：链路聚合失效导致业务中断分析

10.1.1　关键术语

Smartgroup、LACP、Trunk、负载均衡、光电转换器。

10.1.2　组网拓扑

　　某局链路组网聚合如图10-1所示。

10.1.3　案例描述

　　故障现象描述如下：某局在分别位于两个局点的两台设备之间启用链路捆绑，由于无千兆光口资源，因此通过光

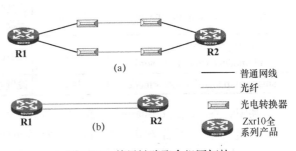

图 10-1　某局链路聚合组网拓扑

电转换器进行转接，用户反映位于接入用户侧设备下的部分用户业务中断；某局在两台设备之前启用链路捆绑，用户反映部分业务中断。

10.1.4 分析思路

步骤1：经检查发现，接用户一侧设备的一条上联链路Down掉了，所有的上行流量都走另外一条链路。部分用户业务不通应该和下行流量有关，相关人员登录到上行设备上查看，发现设备仍然向两条链路上发送数据包，两个设备采用的是静态Trunk方式对接的，又是通过光电转换器连接的，上行设备不清楚下行设备相应端口已经Down掉了；在静态对接的情况下只要是端口Up了，该端口就是捆绑组当中的一员，又由于默认是Per Destination的方式，因此会造成部分用户通，而部分用户不通的情况（如果是用了Per Packet方式，所有用户都应该有严重丢包的现象）。

步骤2：检查物理链路发现其中一对光纤中的一根断了，检查配置后发现采用的是静态Trunk方式。由于光纤是收发各一根，因此当其中一根断掉，两台设备中的一台就会收不到光信号，表现为接口Down掉，流量都转移到另外一条链路上，但另外一台设备能收到对端的光信号，接口仍然Up，因此仍然是捆绑组中的一员。

10.1.5 故障定位

经分析判断为链路聚合失效。

10.1.6 处理过程

将静态Trunk改为LACP后，故障消失。

配置链路聚合时，首先根据实际环境确定是采用静态聚合方式还是动态聚合方式，然后再开始配置。在配置数据时，网络管理员要保证各接口的基本参数一致，可以考虑先做Smartgroup相关配置，然后在Smartgroup接口下配置一些接口参数，包括VLAN等。

10.1.7 配置参考

配置参考见表10-1。

表10-1 配置参考

命令格式	命令模式	命令功能
interface <smartgroup-name>	全局	创建链路聚合组Smartgroup，进入Smartgroup 接口配置模式
smartgroup<smartgroup-id>mode{passive|active|on}	接口	在Trunk组中添加成员端口，并设置端口聚合模式
smartgroup load-balance <mode>	接口	设置端口链路聚合负荷分担方式

其中，<smartgroup-name>为聚合组名称；<smartgroup-id>为聚合组号；mode{passive\|active\|on}为端口聚合方式，配置on时为静态聚合，配置passive或者active时为动态聚合；load-balance <mode>为聚合端口负载分担方式，可以支持基于源目的IP地址、源目的

MAC地址，路由器可以支持基于源IP地址和数据包的负载分担方式。

10.1.8　案例总结

① 在有光电转换器转接的情况下，必须使用动态LACP的方式进行链路捆绑。

② 设备之间是光纤连接的情况下，建议使用动态LACP的方式进行链路捆绑。

③ 参与聚合的端口必须保证基本属性及配置属性一致。

④ 不同型号的设备，支持的Truck组不同，低端交换机最多支持16个聚合组，中高端交换机最多支持32个聚合组，路由器最多可支持64个聚合组。各类设备在同一个聚合组下最多可以有8个端口。

⑤ 端口的聚合方式配置为动态时，两端端口可以全部选择为Active或者至少保证其中一端端口为Active。

⑥ 聚合方式选择静态或者动态应根据具体环境决定，对于设备之间存在传输或者端口为光口时，建议采用动态聚合方式。

▶▶10.2　案例二：路由配置不当导致的路由环路故障分析

10.2.1　关键术语

缺省路由、MTU。

10.2.2　组网拓扑

某企业组网拓扑如图10-2所示，用户将2台T64G作为主备使用。2台T64G通过一台二层交换机上联到防火墙设备，通过该交换机提供2层通道对防火墙启用VRRP，下联用户接口通过2层通道配置VRRP。用户希望2台T64G达到冗余的效果。

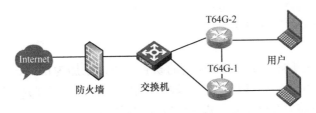

图 10-2　某企业组网拓扑

10.2.3　案例描述

用户投诉上网业务出现异常，用户能登录QQ，并且不掉线，但是打不开网页。当用户断开T64G-2上行端口后，仍然存在该现象。当用户断开2台T64G互联线路后，无论T64G-2上行是否连接，都能正常上网。

10.2.4 分析思路

简单一看，用户能登录QQ，不能打开网页，该问题和MTU值故障现象类似，用户的TCP连接不正常，但是该现象出现时，经检查链路上的MTU完全符合要求，并不存在MTU问题。因此，相关人员只能排查用户数据配置，发现如下配置。

T64G-1配置如下。

```
ip route 0.0.0.0 0.0.0.0 10.10.10.2 tag 200
ip route 0.0.0.0 0.0.0.0 172.16.10.4
```

T64G-2配置如下。

```
ip route 0.0.0.0 0.0.0.0 10.10.10.1 tag 200
ip route 0.0.0.0 0.0.0.0 172.16.10.4
```

（10.10.10.1，10.10.10.2分别为2台T64G互联接口地址）

在T64G-1、T64G-2上都存在2条互指的缺省路由，并且是使用TAG值区分的。

10.2.5 故障定位

当用户完全按照组网连接时，2台T64G的路由表中都存在2条等价的缺省路由，由于T64G默认等价路由时按照流进行负载均衡，因此用户访问QQ的流从T64G-1正常上行到防火墙出局。

访问网站的流正好按照负载均衡送给了T64G-2，而T64G-2上同样存在两条等价缺省路由。收到该部分报文时从互联端口回送给了T64G-1，造成路由环路，从而使用户访问网页的数据报文无法正常转发，造成该现象。

10.2.6 处理过程

修改配置如下。

T64G-1配置修改如下。

```
ip route 0.0.0.0 0.0.0.0 10.10.10.2 150
ip route 0.0.0.0 0.0.0.0 172.16.10.4
```

T64G-2：

如果网络管理员删除两台T64G互指的缺省路由，添加为metric值较大的缺省路由，使得两台T64G的路由表中始终只存在一条缺省路由，只有当任意T64G上行链路发生故障，metric值较大的缺省路由才会生效，以达到冗余的目的。

10.2.7 配置参考

静态默认路由配置方法非常简单，配置命令如下。

命令格式	命令模式	命令功能
ip route<prefix><net-mask>{<forwarding-router's-address> | <interface-name>} [<distance-metric>] [tag<tag>]	全局	配置静态路由

各项内容解释如下。

<prefix>：目的地址的IP前缀。

<net-mask>：目的地址的网络掩码。

<forwarding-router's-address>：下一跳的IP地址。

<interface-name>：下一跳使用的网络接口，用接口名称表示。

<distance-metric>：（可选）管理距离。

tag<tag>：（可选）标志值作为"匹配"值，三层设备中的同一个目的网络的两条静态路由（下一跳不同），不能具有相同的tag值。

10.2.8 案例总结

用户投诉的问题是配置不当引发的，和MTU的故障现象极其类似，容易被误导。分析问题时，我们需要结合经验，但不应一味认定不放，需要多方面收集信息，综合分析，有些问题看似很基础、很简单，但需要多方面的尝试。

缺省路由又称默认路由，是一种特殊的静态路由。当路由表中所有其他路由选择失败时，路由器将使用默认路由，这使得路由表有一个最后的发送地址，从而大大减轻路由器的处理负担。

如果一个路由器不能为某个报文做路由，那么这个报文只能被丢掉，而把报文丢向"未知"的目的地址是我们所不希望的，为了使路由器完全连接，它一定要有一个路由连到某张网络上。路由器既要保持完全连接，又不需要记录每个单独路由时，它就可以使用默认路由。通过默认路由，我们可以指定一个单独的路由来表示所有的其他路由。但是在有多个路由器、多条路径的路由环境中，配置默认路由将会变得很复杂。

▶10.3 案例三：ARP病毒攻击导致用户无法上网故障解析

10.3.1 关键术语

ARP攻击欺骗、DHCP Snooping、IP ARP Inspection。

10.3.2 网络拓扑

图10-3为某校园组网拓扑。

10.3.3 案例描述

在某校园网内，有学生反映拨号认证成功并获得了公网地址后，无法上网，严重的时候基本全校的学生都无法上网。

10.3.4 分析思路

步骤1：首先在自己电脑PC1（IP地

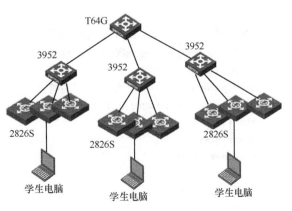

图10-3 某校园组网拓扑

址为10.30.0.22）上面Ping网关10.30.0.254，无法Ping通，在网关设备T64G上面Ping电脑的地址却可以Ping通。

步骤2：假设PC1为合法上网用户，PC2为非法攻击者，此时我们在电脑上面使用ARP-A可以查询正确的网关地址，即IP地址为T64G的网关IP地址，MAC地址也是T64G的MAC地址。从这方面来讲ARP信息是正确的。

步骤3：在T64G上面使用Show ARP可以看出，IP地址是PC1动态获取的IP地址，但是MAC地址已经变成了PC2的MAC地址，所以才导致ARP学习飘移的问题。

正常情况下，PC1在T64G上面的ARP信息显示如下。

```
T64G#show arp 10.30.0.22
10.30.0.22      0    0021.865c.1656  vlan3000    3000   N/A   gei_1/9
```

但是在被攻击的时候，T64G上面的ARP信息显示如下。

```
10.30.0.22      0    00e0.a015.9bc2  vlan3000    3000   N/A   gei_1/7   攻击者1
10.30.0.22      0    0000.f078.f6e8  vlan3000    3000   N/A   gei_1/9   攻击者2
10.30.0.22      0    00e0.a015.9bc2  vlan3000    3000   N/A   gei_1/7   攻击者3
```

步骤4：PC1上网认证成功后被分配了一个公网地址10.30.0.22，此时攻击者PC2（现实攻击者有3个）扫描到PC1的存在后，向网关T64G发出ARP报文源MAC地址为PC2 MAC地址，源地址是PC1的地址10.30.0.22。在这种情况下，T64G基于源ARP加载PC2发出的攻击报文到自己的ARP表项中，最终导致PC1发送正确的报文给T64G网关，但是T64G网关却回送了错误的报文给攻击者，导致正常业务流被打断，从而影响了学生上网。

10.3.5 处理过程

在T64G上面添加以下命令来防范ARP攻击，原理为T64G作为DHCP服务器，用户认证后会被分配一个正确的动态地址，此时在DHCP租约期内，T64G会保持DHCP服务器User的数据库，对于T64G还会学习动态ARP表项，使用新增命令使T64G DHCP服务器表项和ARP表项保持一致，从而防范攻击者蓄意攻击改变T64G ARP表项的问题。

对于T64G交换机，修改为以下配置来防范ARP病毒。

10.3.6 配置参考

T64G遭受ARP攻击后需要新增的命令如下。

```
ip dhcp snooping enable// 需要开启 IP DHCP Snooping 功能后才能使得 ARP 检测功能生效
ip dhcp enable
ip dhcp ramble       //DHCP User 漫游功能
ip dhcp server update arp // 此命令将后续登录的用户变为静态 ARP 类型
vlan 1
ip arp inspection
ip dhcp snooping
vlan 3000
ip arp inspection
ip dhcp snooping
```

经过观察以及现场检测，使用以上功能后可以有效防止用户使用ARP攻击网关并且防止用户私设IP地址问题。

10.3.7　案例总结

① ip arp inspection命令是在启用DHCP Snooping之后才生效的，不能单独开启。

② ip dhcp server update arp命令可以将服务器上DHCP申请到的IP地址写成静态ARP，在配置这个命令之前，用户不能写静态，只有在下线后再次申请时才能将其写成静态。

③ 如果不启用DHCP Snooping，则写静态ARP：ip dhcp server update arp，同时在VLAN下关闭ARP学习功能。这两个配置在没有用户在线时操作是没有问题的，如果有用户在线，就不要关闭ARP学习功能，否则在线用户的ARP不能更新，关闭ARP学习功能会导致用户业务不通。对于已经有用户在线的情况，只能是后续申请用户写静态ARP，这样原在线用户如果受到静态配置用户的攻击，可以通过DHCP重新申请避免（不受攻击时可以正常使用），新申请地址用户不受静态配置的影响。

思考与练习

请写出排除网络故障的心得体会。

实践活动

梳理日常网络故障并提出排障思路

1. 实践目的

① 培养学生解决网络故障的思维。

② 锻炼学生分析网络故障和解决故障的能力。

2. 实践要求

要求学生根据实际故障情况分析网络可能存在的网络故障点。

3. 实践内容

总结日常生活中遇到的网络故障，并试着提供故障解决方案。

 **参考文献**

王田甜. IP网络技术[M]. 北京: 人民邮电出版社, 2012.